高等学校土木工程本科指导性专业规范配套系列教材

总主编 何若全

建筑工程施工

JIANZHU
GONGCHENG
SHIGONG

主　编　华建民　张爱莉
　　　　康　明
参　编　王家阳　罗　琳

重庆大学出版社

内容提要

本教材是根据全国高等土木工程专业指导委员会制定并通过的土木工程专业《建筑工程施工课程教学大纲》编写而成。

本教材在了解建筑工程基本施工工艺和组织原理的基础上，以建筑工程为对象，结合施工技术和施工组织的内容，介绍建筑工程施工设计。教材主要内容包括：砌体结构房屋施工、现浇混凝土结构房屋施工、装配式混凝土结构施工、钢结构房屋施工等。为反映行业最新进展，教材还介绍了建筑绿色施工、鲁班奖工程创建施工技术及组织等新内容。

图书在版编目(CIP)数据

建筑工程施工/华建民，张爱莉，康明主编. —重庆：重庆大学出版社，2015.2(2024.2 重印)
高等学校土木工程本科指导性专业规范配套系列教材
ISBN 978-7-5624-8733-3

Ⅰ.①建… Ⅱ.①华… ②张… ③康… Ⅲ.①建筑工程—工程施工—高等学校—教材 Ⅳ.①TU7

中国版本图书馆 CIP 数据核字(2014)第 306597 号

高等学校土木工程本科指导性专业规范配套系列教材
建筑工程施工
主　编　华建民　张爱莉　康　明
责任编辑：桂晓澜　　版式设计：桂晓澜
责任校对：邹　忌　　责任印制：赵　晟
*
重庆大学出版社出版发行
出版人：陈晓阳
社址：重庆市沙坪坝区大学城西路 21 号
邮编：401331
电话：(023)88617190　88617185(中小学)
传真：(023)88617186　88617166
网址：http://www.cqup.com.cn
邮箱：fxk@cqup.com.cn(营销中心)
全国新华书店经销
POD：重庆新生代彩印技术有限公司
*
开本：787mm×1092mm　1/16　印张：9.75　字数：243 千
2015 年 2 月第 1 版　　2024 年 2 月第 2 次印刷
ISBN 978-7-5624-8733-3　定价：20.00元

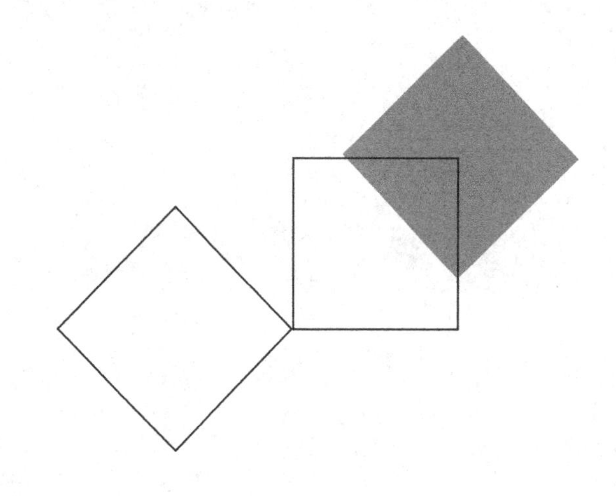

编委会名单

总　序

进入21世纪的第二个十年，土木工程专业教育的背景发生了很大的变化。“国家中长期教育改革和发展规划纲要”正式启动，中国工程院和国家教育部倡导的“卓越工程师教育培养计划”开始实施，这些都为高等工程教育的改革指明了方向。截至2010年年底，我国已有300多所大学开设土木工程专业，在校生达30多万人，这无疑是世界上该专业在校大学生最多的国家。如何培养面向产业、面向世界、面向未来的合格工程师，是土木工程界一直在思考的问题。

由住房和城乡建设部土建学科教学指导委员会下达的重点课题“高等学校土木工程本科指导性专业规范”的研制，是落实国家工程教育改革战略的一次尝试。“专业规范”为土木工程本科教育提供了一个重要的指导性文件。

由“高等学校土木工程本科指导性专业规范”研制项目负责人何若全教授担任总主编，重庆大学出版社出版的《高等学校土木工程本科指导性专业规范配套系列教材》力求体现“专业规范”的原则和主要精神，按照土木工程专业本科期间有关知识、能力、素质的要求设计了各教材的内容，同时对大学生增强工程意识、提高实践能力和培养创新精神做了许多有意义的尝试。这套教材的主要特色体现在以下方面：

(1)系列教材的内容覆盖了“专业规范”要求的所有核心知识点，并且尽量避免了教材之间知识的重复。

(2)系列教材更加贴近工程实际，满足培养应用型人才对知识和动手能力的要求，符合工程教育改革的方向。

(3)教材的主编们大多具有较为丰富的工程实践能力，他们力图通过教材这个重要手段实现“基于问题、基于项目、基于案例”的研究型学习方式。

据悉，本系列教材编委会的部分成员参加了“专业规范”的研究工作，而大部分成员曾为“专业规范”的研制提供了丰富的背景资料。我相信，这套教材的出版将为“专业规范”的推广实施，为土木工程教育事业的健康发展起到积极的作用！

中国工程院院士　哈尔滨工业大学教授

沈世钊

前　言

本教材以全国高等土木工程专业指导委员会制定并通过的土木工程专业《建筑工程施工课程教学大纲》为依据，由重庆大学主持编写，武汉杰博达建筑工程顾问有限公司参与编写。

本教材在了解建筑工程基本施工工艺和组织原理的基础上，以建筑工程为对象，结合施工技术和施工组织的内容，介绍建筑工程施工设计。教材主要内容包括：砌体结构房屋施工、现浇混凝土结构房屋施工、装配式混凝土结构施工、钢结构房屋施工等。为反映行业的最新进展，教材还介绍了建筑绿色施工、鲁班奖工程创建施工技术及组织等新内容。

本教材的编写得到了全国高等土木工程专业指导委员会、重庆大学土木工程学院、重庆大学出版社的大力支持，在此，向关心支持本教材编写工作的单位和个人表示衷心的感谢！

本教材由华建民、张爱莉、康明主编，王家阳、罗琳参与编写。

教材编写分工为：张爱莉（第一章、第二章）；华建民（第三章）；康明（第四章）；罗琳（第五章第一节）；王家阳（第五章第二节）。

由于编者水平有限，教材难免有不足之处，诚挚希望读者提出宝贵意见，以便再版时修订。

编　者

2014 年 10 月

目　录

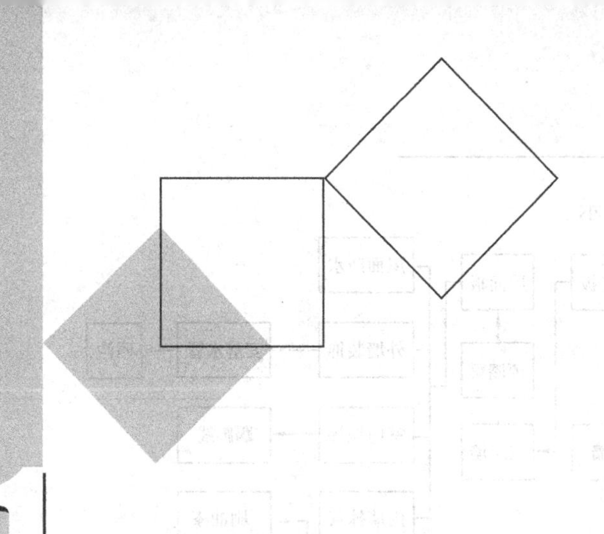

1 砌体结构房屋施工

本章导读:

• **基本要求** 了解砌体结构房屋的构造及施工特点;掌握砌体结构房屋施工准备;掌握砌体结构房屋施工组织;了解砌体结构房屋施工质量验收的一般程序和主要工作。

• **重点** 掌握砌体结构房屋施工组织中地基与基础工程施工组织、主体结构工程施工组织、建筑屋面工程施工组织以及建筑装饰装修工程施工组织。

• **难点** 砌体结构房屋的主体结构工程施工组织。

1.1 砌体结构房屋概述

砌体结构房屋是指由块体和砂浆砌筑而成的墙、柱作为建筑物主要受力构件的结构形式。常用块体包括砖砌体、砌块砌体和石砌体。

砌体结构房屋基础一般为条形砖石基础、条形素混凝土基础或条形钢筋混凝土基础。当有主大梁及柱作为部分承重构件时,柱下常有钢筋混凝土独立基础。

砌体结构房屋中,一般墙为主要的竖向承重构件,钢筋混凝土楼板(预制板或现浇板)为横向承重构件,现浇或预制的钢筋混凝土楼梯作为上下通道。砌体结构房屋如住宅、教学楼、办公楼、宿舍等可能还有外挑的阳台或走廊兼通连式的阳台;外门口上有雨篷;门窗口上要设置过梁;地震设防地区在墙体的某些部位还要设置圈梁和构造柱。

砌体结构房屋具有便于就地取材、便于施工、造价低廉、耐火、耐久、保温隔热性能好、能调节室内湿度等优点;但也具有自重大、强度低、砌筑工作量大、劳动强度高、抗震性能差、消耗土地资源等缺点。

建筑施工要实行工厂化、机械化,改变用小块砖砌筑的手工工艺,进行墙体改革。利用各种材料或工业废料做成大、中型砌块,并注意改善砌体的受力性能,这是墙体改革的一个重要途径。

砌体结构房屋施工程序如图 1.1 所示。

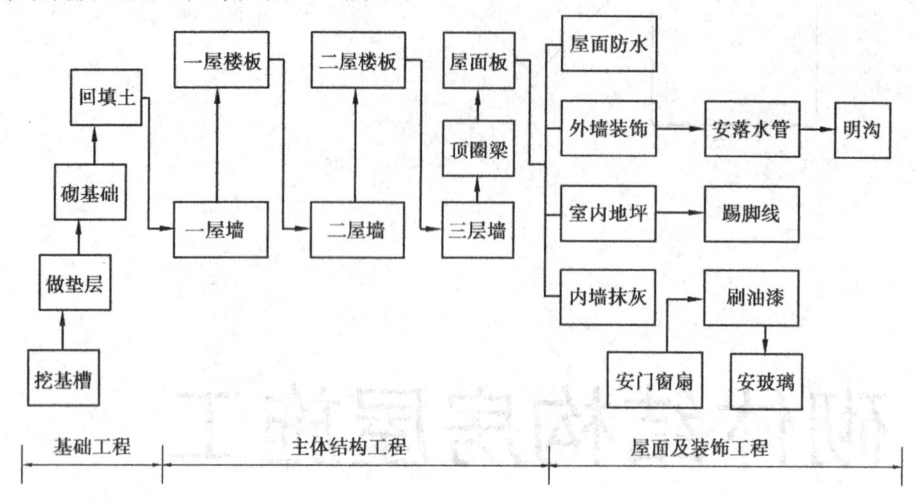

图 1.1　多层砌体结构房屋施工程序

1.2　砌体结构房屋施工准备

施工准备是工程施工前必不可少的工作。施工准备工作的好坏直接影响工程质量、施工安全、工程工期和经济效益等。施工准备工作的内容大致有:人员及组织准备、现场准备、技术准备、其他准备。

1.2.1　人员及组织准备

建立现场管理班子,配备施工所需的技术人员、管理人员和技术工人,组织安排好作业班次,制定完善的岗位责任制和质量保证体系。

1.2.2　现场准备

结合实际做好开工前的现场安排及使用;清理现场障碍物,做好“七通一平”和排降水设施;设置测量控制网,确定定位基准并进行定位放线;搭建临时设施,配备消防器材;组织机具、材料和人员进场等工作。

1.2.3　技术准备

为完成工程所需的技术准备,编制和完善施工组织设计;编制施工预算;翻样工作;完成图纸会审工作,做好技术交底工作。其中,编制和完善施工组织设计是非常重要的内容。

施工组织设计主要包括编制说明、工程概况、施工方案(包括施工流向、施工顺序、施工方法、施工机械及材料运输方案的选择、施工方案的技术经济分析、质量计划及措施、安全计划及措施、文明施工计划及措施的制定等)、施工平面图、施工进度计划及保证进度措施、机械设备需用量计划、劳动力需用量计划、主要材料需用量计划等。

施工方法部分中，要把砖混房屋各分部分项工程的施工方法都写清楚。如可按土方地基、基础、砌体、钢筋混凝土、预制板安装、屋面防水、内外抹灰、门窗、楼地面、油漆涂料等的顺序分段叙述。叙述的详略可根据工程量的多少和技术的难易而定。

1)选择材料运输方案

选择运输方案是指选用什么机械和方法来进行材料、预制构件等的垂直运输及上下水平运输(指楼、地面上的水平运输)。

在一般砖混结构施工中，可采用塔式起重机或井架、龙门架加小车的方案。塔式起重机既可运输材料又宜于安装预制构件(图1.2)，起重机布置在拟建房屋的一侧，运到工地的材料和构件可由塔式起重机卸车，堆放在附近，再按施工需要将材料吊至使用地点或将预制构件安装就位。

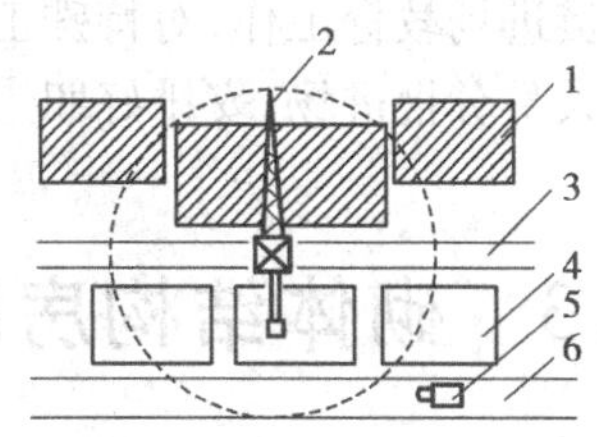

图1.2　塔式起重机

1—拟建建筑物；2—塔式起重机；3—起重机轨道；4—构件、材料堆场；5—汽车；6—道路布置

塔式起重机的工作效率取决于垂直运输的高度、堆放场地的远近、场内布置的合理程度、起重机司机的技术熟练程度和装卸工配合默契程度等方面。

塔式起重机作综合利用(运输材料和安装预制构件)时，可以采取下述措施来提高工作效率：

①充分利用塔式起重机的起重能力以减少吊次，如构件可多件一次吊运。

②尽量减少二次搬运，减少总吊装次数。如预制构件组织随吊随用，脚手架做到一次即运到应安放的位置上，做到不必吊运到地面或在楼板面上存放一次再就位。

③合理紧凑的布置施工平面，减少起重机每次运转的时间。如砂浆搅拌站最好布置在拟建建筑物的适中位置，使起重机能直接吊到砂浆斗，砖的堆放尽可能放在最靠近拟建建筑物旁，构件、半成品全放在起重机的有效回转半径以内，而且应放在靠近使用地点的地方。

④合理安排施工顺序，保证起重机能连续均衡地工作。最好做到吊装工艺固定，每天每小时该吊哪些构件，数量多少，都应事先安排好。

这种用塔式起重机作综合利用的施工方法，对房屋的施工速度来说，往往是由起重机的运输能力所控制，所以要详细计算每班的运输量，充分发挥起重机的效率，以提高施工速度。

使用井架或龙门架时，一般要有小推车配合作水平运输。

塔式起重机的竖立和井架、龙门架的搭设，一般可在基础工程的后期，大量土方工程完工时才开始，不必太早进场，以免影响土方的施工和增加机械的租赁费用。一般要求在主体工程施工前3天装好即可。

2)施工层、施工段的划分

工人砌筑砖墙时，劳动生产率受砌筑高度的影响，在距脚底0.6 m时生产率最高，低于或高于0.6 m时生产率均下降。工人可以达到的砌筑高度与本人的身高有关，而通常为从脚底以下0.2 m处砌至1.6 m高，超过这个范围就要搭脚手架，站在脚手架上继续向上砌。因此层高3 m左右时，一般分两个施工层来砌(称两个可砌高度)。

施工层的高度还与天气和砂浆强度等级有关，雨天或采用低强度等级砂浆时，则相应减少施工层的高度，避免水平缝中砂浆受压流淌，使砌体自动发生歪斜变形。

施工中，为保证主要工种的工作连续而有节奏，应将拟建工程在平面上划分为若干施工段。砖混结构房屋施工中，一般划分两个施工段(当建筑群施工时可将一个或几个建筑物作为一个施工段)即可保证砌筑和楼板安装两个工种的施工连续。

1.2.4 其他准备

落实工程用料的货源及运输工具,对供货方进行评审,做好进货准备;施工周转材料、施工机具提前进场;根据工程结构特点、需要工种,认真评审、择优选择具有高效率的施工队伍;做好职员进场教育工作,对特殊工种进行上岗培训,按照开工日期和劳动力需用量计划,分别组织工种人员分批进场,安排好职工生活。

1.3 砌体结构房屋施工组织

1.3.1 地基与基础工程施工组织

砌体结构房屋的基础可有多种形式,其中以砖砌大放脚的刚性基础和钢筋混凝土条形基础为多。

砖砌基础的主要施工工序为:定位放线→土方开挖→验槽及地基处理→垫层施工→基础施工→地圈梁、防潮层施工→基础验收→室内管线施工及回填土回填。

1)定位放线

根据规划红线或建筑物方格网,一般先放出建筑物的两条中轴线作标准,再用钢尺和经纬仪定出房屋四角的角桩,再逐一放出所有各墙的轴线,并用外引桩上的标记将轴线位置记下来,以备需要时用拉线的办法将轴线重现。在房屋的四角用标志板来标记轴线。为了防止挖土时将外引桩和标志板撞偏,标志板应距基槽有一定距离,并应打设牢固。标志板的顶面要求水平,最好是相当于 ±0.00 的标高。房屋定位后,按基础宽度用白灰放出边线作为挖土的标准(图 1.3)。

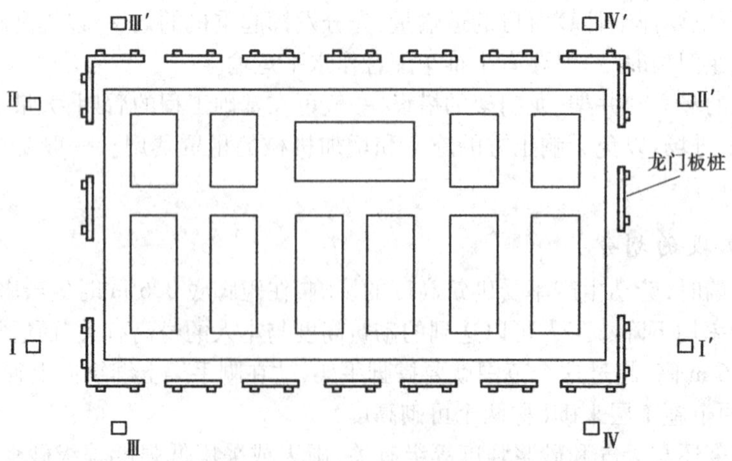

图 1.3 基础挖土放线示意图

2)土方开挖

土方开挖的工艺过程(图 1.4):

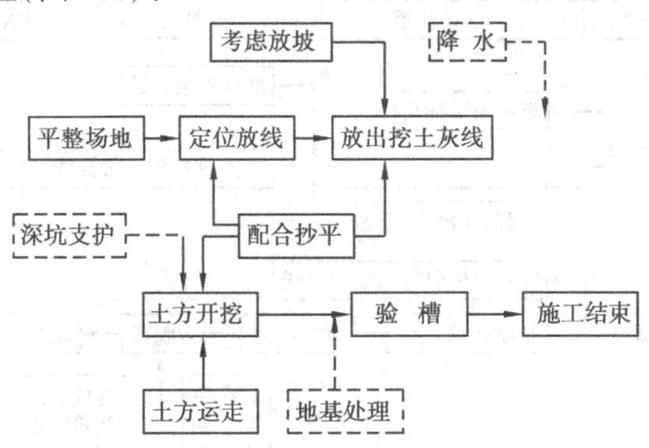

图 1.4 土方开挖的工艺过程

工艺过程中的虚线方格是指该项工序在有的工程中可能遇到,有的工程中不一定遇到,施工前应对现场进行全面了解。一般砌体结构多层建筑土方开挖,实线部分的工序都会有,虚线部分的深坑支护一般可以不考虑。降水主要考虑地下水位较高或地表水的明排水。地基处理则根据现场情况而定。

基槽开挖前应对灰线进行复核,并应查看施工场地内地上及地下是否有电缆和管道通过,如有应及时改线,以免挖土时由于管线破坏造成严重事故。

挖土之前要确定开挖顺序,制订排降水方案。确定挖出土方的弃留,若土质适宜于回填土或作灰土时,应算出留土的数量和弃土的数量。

挖土接近槽底时要进行基底抄平,若基槽较深,土方量大时,应尽量利用机械挖土,在接近设计标高或边坡边界时应预留 200~300 mm 厚的土层,用人工开挖和修整。

3)验槽及地基处理

基槽挖好后应组织相关人员进行基槽验收,检查内容为:基槽标高及平面尺寸,基底是否已达设计土层打钎记录,有无软(或硬)下卧层,坟、井、坑等。

如槽底有局部土质过硬或过软或废井,回填土坑等,即不符合设计承载力要求的要进行处理。经检查合格,填写基槽验收、隐蔽工程记录,及时办理交接手续。验收完成后应迅速组织下道工序施工,以免基槽曝露时间过长或受雨水浸泡。

4)垫层施工

垫层是基土上的一种构造层次,种类较多,北方常用灰土垫层,南方多用三合土垫层,还有砂垫层、砂石垫层、碎石(卵石)或碎砖垫层、炉渣垫层等,目前使用最广泛的是水泥混凝土垫层,它在地面工程中用于砂垫层、砂石垫层、碎石(卵石)或碎砖垫层、炉渣垫层之上,进行加强,形成整体。规范上规定混凝土垫层强度不应小于 C10,厚度不应小于 60 mm。

5)基础施工

在验槽及地基处理之后应立即组织基础的施工。基础大部分为条形砖、石基础或混凝土基础。基础用砖、石必须是能经受地下水等侵蚀的,砂浆则只能用水泥砂浆,强度不能低于 M5.0。混凝土基础要在浇筑后养护到 1.2 MPa 强度后,方可进行墙体砌筑。

砖石基础施工工艺(图 1.5)中设计有圈梁的,要做圈梁施工,完成后做找平层。如无圈梁构造,则抹防潮层并达到找平基墙顶面的目的。

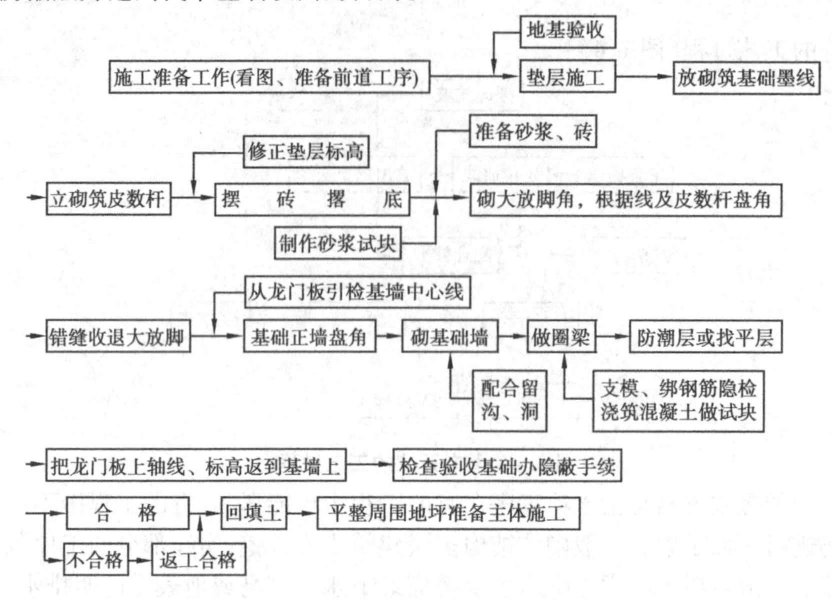

图1.5 砖石基础施工工艺

地基抄平后,便进行基础墙放线(包括验线),一般放出各墙的中心线及大放脚宽度线,然后立上皮数杆。砌筑基础时由于地基表面总有高低起伏,可调整头几皮砖的灰缝厚度,使标高跟上皮数杆为止。基础墙身起着承上启下的作用,因此,基础墙身垂直度和顶面标高应进行严格控制。

石基础施工工艺同砌砖基础一样。但毛石墙不能有层次分明的皮数杆,故采用砌筑挂线架,根据石块大多数的厚度尺寸,做成台阶形(图1.6),以此作为砌石依据。

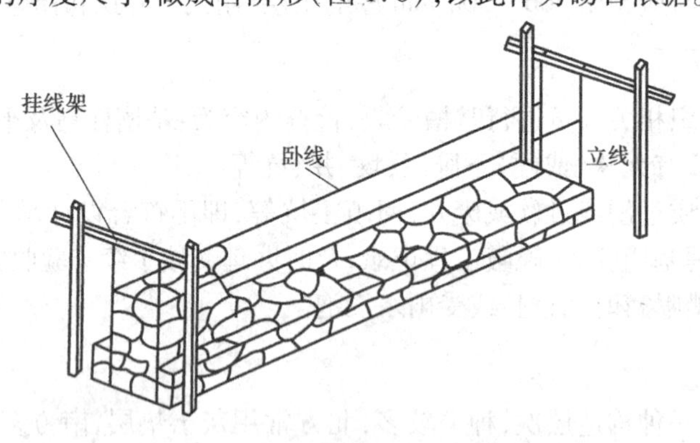

图1.6 砌毛石墙的立线与卧线

条形混凝土基础的模板支撑、钢筋绑扎均没有什么特殊的地方。主要是浇筑混凝土,由于条基础长度较长,有时要留施工缝,施工缝应留在外墙或纵墙的窗口或门口下,横墙和山墙跨度中部为宜。切忌留在内外墙丁字交接处和外墙大角附近。

模板支撑在长度方向一定要直,不能影响上部墙体,凡有抗震构造柱的,必须按照设计图留好插筋,不得遗漏。

6)地圈梁、防潮层施工

在地震区,基础施工时应注意留出构造柱位置,到±0.000线以下留出圈梁顶面,为方便砌筑上部砖墙,应抹一层找平层。在非抗震设防地区,一般基础正墙砌到 -0.07 m 时,应抹一层厚约 20 mm 防潮层,并兼做找平层。

7)基础验收

当各项工序结束后,进行轴线、标高的检查,检查无误后,把龙门板上的轴线位置标高返到基墙上,并用红色进行标志。检查合格,做好隐蔽验收。

8)室内管线施工及回填土

当基础验收完成后应立即组织回填,可以改善工作条件,又可使基槽免遭雨水浸泡。但必须和室内地下部分管线施工统一安排。

室内地下管道包括自来水、煤气、污水等管道。这些管道在主体结构工程开工前施工,一般做法是抢在回填土前埋入,做到室外散水之外。这种“先地下,后地上”的施工原则,优点是避免了土方的二次开挖,也为后续工种施工创造了条件,应尽量采用。这就需要图纸和管道材料的供应,管道的铺设和水压试验等工作协调而有节奏的进行。若能将室外管线事先施工,还可以使各种管线在施工中加以利用,节约临时管线。

回填土质量主要是检查夯土的密实性,防止以后做好的地面或室外散水等由于填土下沉而开裂。但必须注意由于砌筑基础的时间不长,墙体砂浆强度很低,夯实回填土时由于土的侧向挤压力,往往会把墙挤鼓而产生裂缝,所以分层回填时墙基两侧回填土高度相差不要太大。

室内管线若在回填前做完,则可随手将首层地面灰土垫层做完,避免在主体施工时还进行大量土方工作,同时还要保证立体交叉作业时的安全施工。

1.3.2 主体结构工程施工组织

1)砖砌体施工组织

砖砌体结构主体工程的施工顺序(图 1.7):

(1)放线和抄平

为了保证房屋平面尺寸以及各层标高的正确,墙、柱、楼板、门窗等轴线、标高的放线和抄平工作是关键。而且必须在砌墙施工前完成,并应标志齐全,以对施工起控制作用。

(2)立门窗框

立门窗框有两种做法:一种是先立好门框再砌砖,立好窗框再砌窗间墙,木门窗框最好采用这种做法;另一种是留好洞口,以后将门窗框钉在洞口的木砖上(对木门窗框的做法),或焊在洞口预埋的钢筋上(对钢门窗框的做法),洞口尺寸每边比框至少大 20 mm,钢门窗框通常采用这种做法。

(3)摆砖

有的地方称为撂底,即砌筑前根据墙身长度和组砌方式,在基面上先用砖块试摆(干铺),以使墙体每一皮的砖块排列和灰缝宽度均匀,并尽可能少砍砖。摆砖的好坏,对墙身质量、美观、砌筑效率、材料节约都有很大影响,应组织有经验的工人进行。

(4)砌砖

砌墙一般先从墙角开始,墙角的砌筑质量对整个房屋的砌筑质量影响很大。

砖墙砌筑时,从结构整体性来看最好是内外墙同时砌筑,这样内外墙连接牢固,也能使墙体

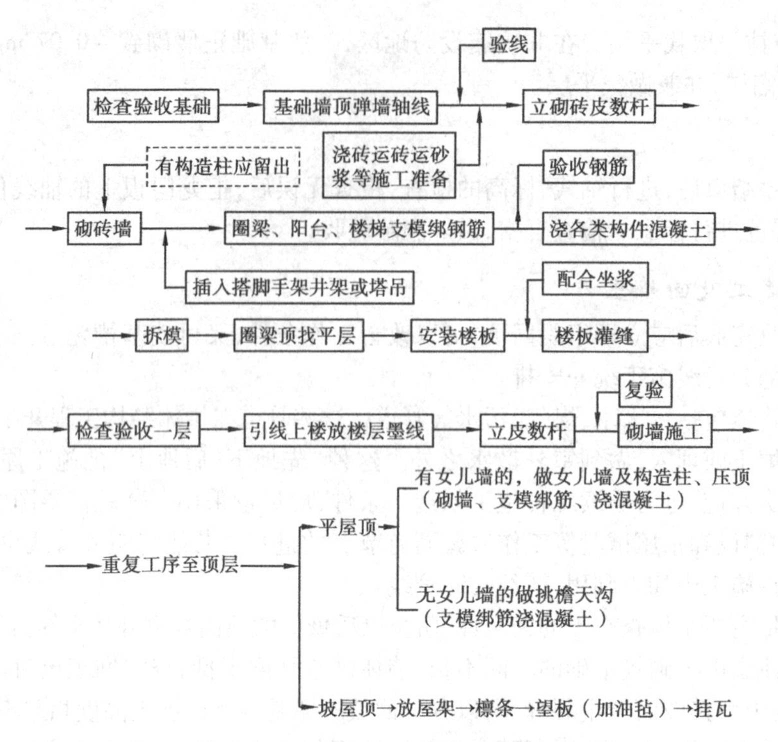

图 1.7 砖砌体结构主体工程的施工顺序

在上部荷载作用下压缩及灰缝本身干缩时砌体下沉均匀，避免产生裂缝。在实际施工中，有时受施工条件限制，内外墙不能同时砌筑，这时就要留槎。留槎以斜槎较好，它能保证接槎中砂浆饱满、搭接严密，容易形成整体。施工中不能留斜槎时，除转角处外，可留直槎，但必须做成凸槎，并应加设拉结筋。在外墙转角处必须留槎时，从房屋整体性考虑必须留斜槎，以抵抗地基的不均匀沉降等不利因素。

一般的清水墙砌筑时，既要选尺寸均匀、棱角齐整的砖面砌在外侧，又要保持灰缝横平竖直且均匀，保证墙面整齐美观。因此砌清水墙时要注意选砖。清水墙砌筑结束后应勾缝清理。

(5)脚手架搭设

脚手架有外脚手架和里脚手架两种。外脚手架搭在建筑物外围，从地面向上搭设，一般随墙体的不断砌高而逐步搭设。外脚手架适用于砌筑外墙与室外装饰施工合用的情况。里脚手架搭在房间内，砌完一个施工段的砖墙后，搬到下一施工段，安装完楼板后再搭到楼板上，里脚手架比较经济、方便(用里脚手架砌的外墙需要做室外装饰时，可用吊脚手等)。

脚手架要求牢固稳定，要有足够的宽度，便于工人在上面操作、行走和堆放砖及砂浆等材料，同时还要求构造简单，易于装拆及搬运，能多次周转使用，以降低工程成本。

(6)楼板安装

砌体结构房屋的楼板，除少数因特殊需要采用现浇钢筋混凝土梁板外，大多采用预制的预应力多孔板。一是使构件工厂化，二是可以节约钢材，三是不需要施工养护期。这里主要是介绍预制多孔板的安装工序和技术要求。

楼板安装的施工程序为：施工准备→楼板进场及质量验收→场内水平运输及吊装就位(配合坐浆)→核对楼板号与安放位置→板缝支模→湿润清理缝道及浇灌细石混凝土(做试块)→养护→拆模→清理。

预制构件安装前，应分型号集中在安装部位附近，为了节省预制构件的堆放面积，可以重叠堆放。

楼板安装前，应先对基面找平，以免楼板铺放不平。安装时，楼板缝也应留设均匀，最好事先将楼板安放位置画好线(图1.8)。注意楼板支撑在墙上的尺寸和不要漏放构造筋(按设计图纸上规定)。预制多孔板安装检查完毕后，要支好板缝模板，灌缝的细石混凝土应不低C20的强度，设计有规定按设计要求配置，浇筑前要湿润板缝。

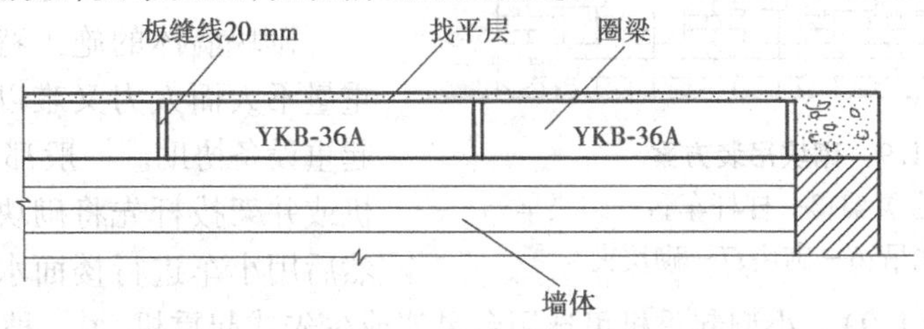

图1.8　安装楼板位置及型号放线示意图

灌缝的细石混凝土坍落度可适当放大，以5~7 cm为宜。要求灌缝时用铁钎人工插捣密实，防止用力过大把方木挤下去，拆模后造成缝中混凝土外表面不平。

灌缝完毕应清理楼层上掉落的混凝土残渣，养护完毕可拆除并清理好模板以备下层使用。

(7)圈梁、构造柱、阳台、楼梯施工

在砖砌体结构房屋的墙体砌筑施工中，圈梁、构造柱、阳台(或外廊)和楼梯的施工也要随之进行，最后吊装楼板完成一层结构的施工，再重复该施工程序，直到主体结构施工完成。

构造柱与圈梁的施工程序：施工准备→支撑构造柱和圈梁模板→绑扎钢筋→验收钢筋隐蔽工程→浇筑混凝土→养护→拆模→梁面找平层→安装楼板。

构造柱模板要支牢夹紧，用支撑法或螺栓拉结法，使之牢固。主要防止浇筑混凝土时胀模及漏浆。圈梁可先绑钢筋后支模板，也可先支模板后绑筋。混凝土浇筑要求先浇构造柱，在全部构造柱浇筑完毕后进行圈梁、阳台挑梁、卫生间的现浇板等处混凝土浇筑。浇筑时，应根据构件、强度等级、楼层等划分检验批并做好混凝土强度检测用的试块。浇筑完成后要做好现场养护工作。构造柱和圈梁由于都在砌体中，因此浇灌后2~3 d就可以拆除侧模板。圈梁中有代替过梁的部位，应在该处混凝土强度达到设计强度等级70%以上后才能拆除底模。

阳台、楼梯施工程序：施工准备→支模板→绑扎钢筋→浇筑混凝土→养护→拆模板→质量验收。

(8)门窗施工

木门窗的安装一般是先安框、后安扇。框的安装应在抹灰开始之前，抹灰及楼地面工程完成后，即可进行木门窗扇的安装。

钢门窗、铝合金门窗和塑钢门窗等均由加工厂制造，并由专业队伍到现场安装，现场主要是协作配合工作。

2)砌块砌体施工组织

砌块建筑的施工主要是指按设计要求，将砌块在已建造好的基础上，按建筑物的平面尺寸和砌块尺寸排列砌块，逐块按次序吊装至设计位置，进行错缝搭接，就位固定。其他构件(如楼板、楼梯、阳台、间隔墙板等)的吊装和砖砌体结构相同。如果砌块不是预制厂集中生产，也可用建筑物地坪(房心)或在现场已有的水泥路面就地预制。小型空心砌块施工与砖砌体施工要求相似，下面主要介绍中型砌块建筑的施工组织和施工工艺。

(1)砌块安装前的准备工作

①机具准备及安装方案的选择

砌块房屋的施工,除应准备好垂直、水平运输和安装的机械外,还要准备安装砌块的专用夹具和有关工具。

砌块墙体的施工特点是砌块数量多,重量不大而人力又难以搬动,故需要小型起重设备协助。一般都采用轻型塔式起重机或井架拔杆先将砌块集中吊到楼面上,然后用小车进行楼面水平运输,再用小型起重机安装就位(图1.9)。小型起重机可选用台灵架或少先式起重机,另一种方案也可用轻型塔式起重机作垂直运输,把砌块直接吊至台灵架旁,再由台灵架安装砌块,可省去楼面的水平运输。

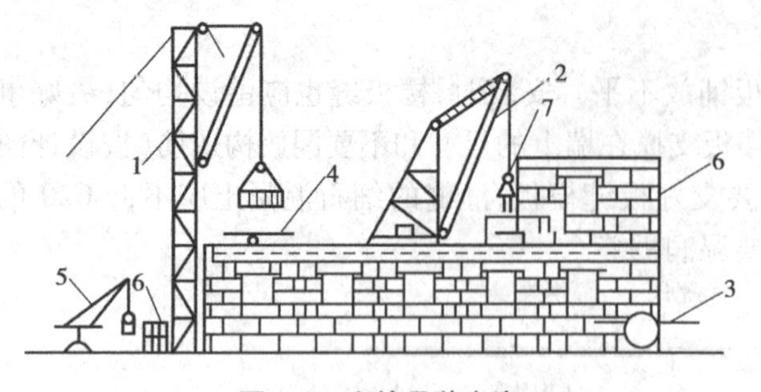

图1.9　砌块吊装方案

1—井架;2—台灵架;3—杠杆车;4—砌块车;5—少先吊;6—砌块;7—砌块夹

②编制砌块排列图

砌块墙在吊装前应先绘制砌块排列图(图1.10),以指导吊装施工和准备砌块。

砌块的排列图是根据建筑施工图上门、窗大小,层高尺寸、砌块错缝,搭接的构造要求和灰缝大小进行排列。排列时尽量用主规格砌块,以减少吊次,提高台班产量。需要镶砖的地方,在排列图上要画出,镶砖应整砖镶砌,而且尽量对称、分散布置。

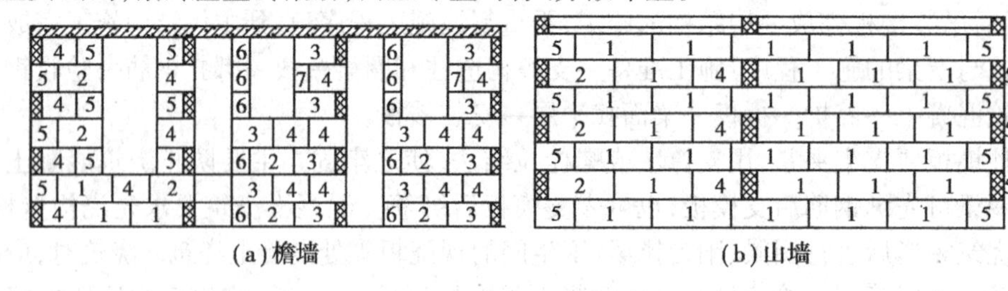

(a)檐墙　　(b)山墙

图1.10　砌块排列形式

③吊装路线的确定

对于用台灵架吊装砌块时,应结合砌块建筑的具体情况确定吊装路线。目前常用的吊装路线有合龙法、后退法和循环法。这几种方法的选择,取决于现场的垂直运输、台灵架的技术性能和建筑物的宽度及其结构布置。

a.合龙法。在井架设在拟建工程的外侧中路、台灵架的最大工作幅度的2倍为9.5 m以内及拟建工程的总宽度为3 m左右的情况下,台灵架就位一次可以安装两个开间的外墙和内墙的砌块,它的路线通常是先从工程的一端开始吊装,然后逐渐倒退至井架处,再将台灵架移向另一端进行吊装,最后在井架起重臂的工作幅度下方合龙(图1.11)。

b.后退法。如果台灵架和拟建工程的施工情况和上述条件相同,井架设在建筑物一端或现场使用塔式起重机时,吊装可以从工程的一端开始,中间不需停顿,依次后退至另一端收口(图1.12)。

c.循环法。在台灵架工作幅度的2倍并小于9.5 m情况下,如果用井架运输,吊装通常先从井架旁开始,沿外墙依次作业一周至井架处收口(图1.13)。如使用塔式起重机作垂直运输,吊装可以从工程的任意一端开始,沿外墙依次作业一周至原处收口。

在砌体住宅建筑工程中,通常采用一台台灵架安装砌块。但在个别工期短、单元多和宽度大的住宅及教学楼工程中,有时也用两台台灵架同时安装砌块,如图1.14所示。

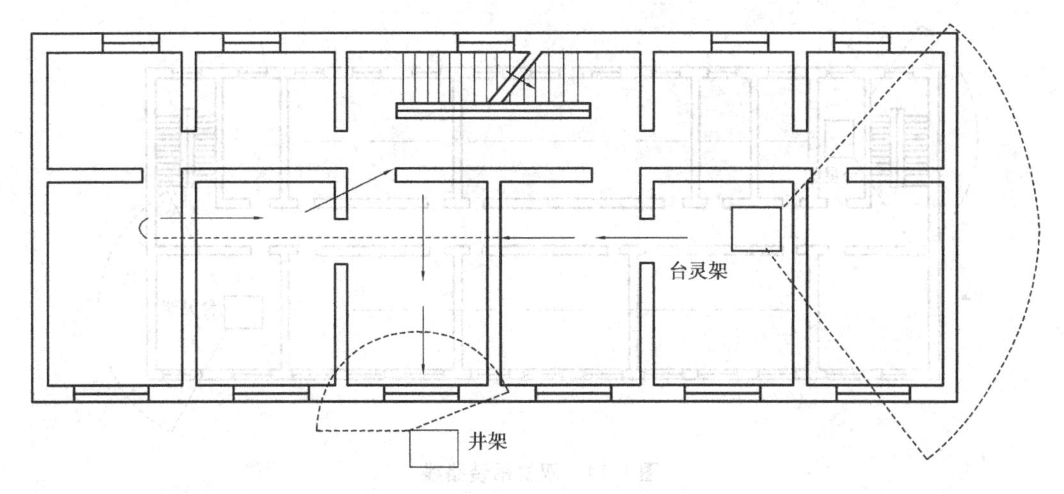

图 1.11　合龙法吊装路线

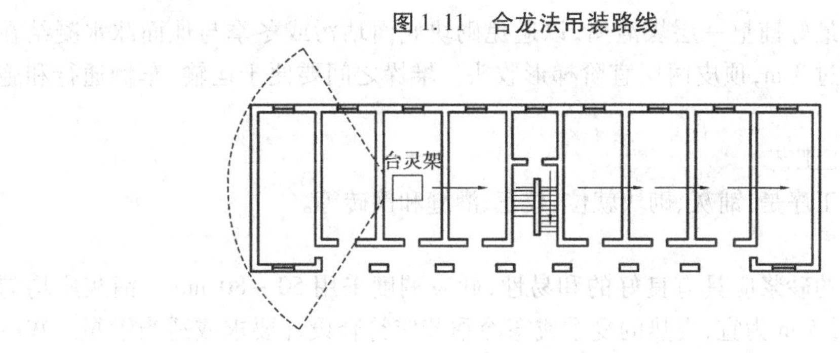

图 1.12　后退法吊装路线

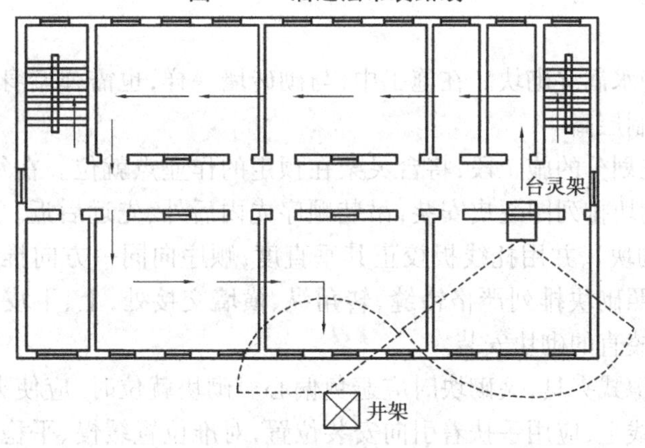

图 1.13　循环吊装路线

④施工平面图布置

砌块建筑在施工过程中，吊装工程是主导工程。施工前，必须首先确定机械的停放位置，然后考虑砌块和各种辅助材料的堆放位置，合理地布置施工平面布置图。

a. 井架位置。井架可以兼作垂直运输和吊装机械，其位置最好选择在拟建工程的外侧中部，并靠近有较大空间的地方，这样不但有利于砌块和构件的运输，而且也有利于台灵架本身在转层时的吊升。

b. 砌块的堆放。砌块堆放的位置最好在井架起吊范围内，以减少二次搬运；对于不同规格的砌块应分别堆放。堆放场地应经过平整夯实，并有一定的泄水坡度，外围便于排水，必要时开

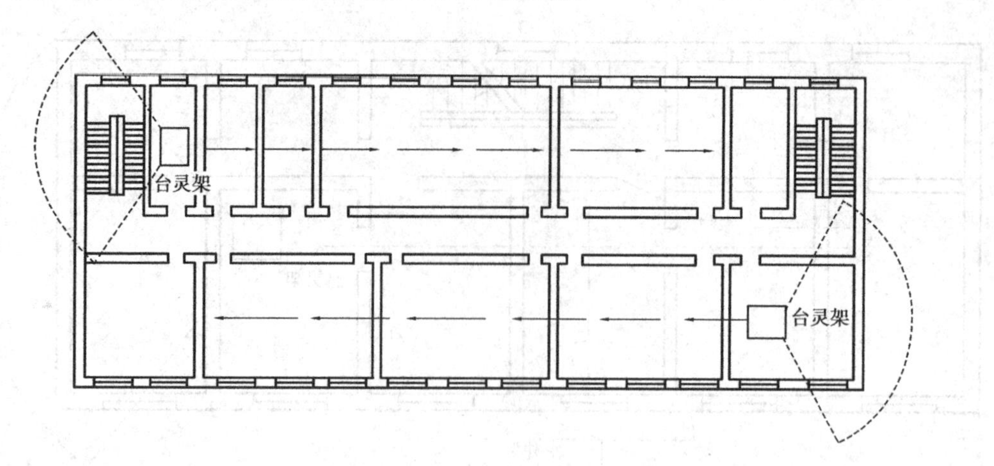

图 1.14　双机吊装路线

挖排水沟。场地上面最好铺垫一层煤渣屑，以避免砌块底面玷污或冬季与地面冰水凝结在一起。堆垛高度不宜超过 3 m，顶皮两层宜阶梯形收头。堆垛之间要便于运输、车辆通行和施工机械装卸等。

(2)砌块建筑施工工艺

砌块施工的主要工序是：铺灰、砌块就位、校正、灌缝和镶砖等。

①铺灰

砌块墙体所采用的砂浆应具有良好的和易性，砂浆稠度采用 50 ~ 80 mm。铺灰应均匀平整，长度一般以不超过 5 m 为宜，炎热的夏季或寒冷季节应符合设计要求或适当缩短。灰缝的厚度应符合设计规定。

②砌块就位

砌块吊装前，应浇水润湿砌块。在施工中，与砌砖墙一样，也需弹墙身线和立皮数杆，以保证每皮砌块水平和控制层高。

吊装时，按照事先划分的施工段，将台灵架在预定的作业点就位。在每一个吊装作业范围内，根据楼层高度和砌块排列图逐皮安装，吊装顺序先内后外、先远后近。每层开始安装时，应先立转角砌块（定位砌块），并用托线板校正其垂直度，顺序向同一方向推进，一般不可在两块中插入砌块。必须按照砌块排列严格错缝，转角纵、横墙交接处，上、下皮砌块必须搭砌。门、窗、转角应选择面平、棱直的砌块安装。

吊砌块一般用摩擦式夹具，夹砌块时应避免偏心。砌块就位时，应使夹具中心尽可能与墙身中心线在同一垂直线上，应用手扶着引向安装位置，对准位置缓慢、平稳地落于砂浆层上，待砌块安放稳当后方可松开夹具。如安装挑出墙面较多的砌块，应加设临时支撑，以保证砌块稳定。

当砌块安装就位出现通缝或搭接小于 150 mm 时，除在灰缝砂浆中安放钢筋网片外，也可用改变镶砖位置或安装最小规格的砌块来纠正。

一个施工段的砌块吊装完毕，按照吊装路线，将台灵架移动到下一个施工段的吊装作业范围或上一楼层，继续吊装。

砌体接槎采用阶梯形，不要留直槎。

③砌块校正

用锤球或托线板检查垂直度，用拉准线的方法检查水平度。校正时可用人力轻微推动砌块或用撬杠轻轻撬动砌块，自重 150 kg 以下的砌块可用木锤敲击偏高处，直到校正为止。如用木锤敲击仍不能校正，应将砌块吊起，重新铺平灰缝砂浆，再进行安装到水平。不得用石块或楔块等垫在砌块底部以求平整。

校正砌块时，在门、窗、转角处应用托线板和线锤挂直；墙中间的砌块则以拉线为准，每一层再用 2 m 长托线校正。砌块之间的竖缝尽可能保持在 20～30 mm，避免小于 15 mm 的狭窄灰缝（俗称瞎眼灰缝）。

④灌缝

砌块就位校正后即灌筑竖缝。灌竖缝时，在竖缝两侧夹住砌块，用砂浆或细石混凝土进行灌缝，用竹片或捣杆插捣密实。当砂浆细石混凝土稍收水后，即将竖缝和水平缝勒齐。此后，一般不准再撬动砌块，以防止砂浆黏结力受损。如砌块发生移动，应重砌。当冬季和雨天施工时，还应采取使砂浆不受冻结和雨水冲刷的措施。

⑤镶砖

镶砖工作必须在砌块校正后紧紧跟上，镶砖时应注意使砖的竖缝振捣密实。为了保证质量，不宜在吊装好一个楼层的砌块后再进行镶砖工作。如在一层楼安装完毕尚需镶砖时，镶砖的最后一皮砖以及安装楼板、梁、檩条等构件下的砖层都必须用丁砖砌。

1.3.3　建筑屋面工程施工组织

前面讲述了每层砌体结构的施工过程和方法，如此重复到多层的屋顶部位，屋顶结构的施工则有平屋顶和坡屋顶之分。

1）平屋面施工

平屋面的一般构造层次可根据设计及使用要求而有所不同。通常的层次为：基层（结构层即楼板或层面板）、找平层、隔汽层、保温层、找平层、防水层、保护层、隔热架空层。施工就是按其设计构造从下往上一层一层组合而做成屋面。其流程为：施工准备→材料准备→屋面抄平、弹线→找平层→隔汽层→保温层→找平层→防水层→保护层→架空隔热层。

平屋面的结构层楼板和每层楼的楼板施工一样，所不同的是板号可能不同，荷载等级不同。

①若无女儿墙时，则屋顶圈梁要与排水檐沟的混凝土结构一同支模、绑钢筋、浇混凝土，与屋面形成整体结构，完成结构“封顶”施工，外檐模板支撑牢固，防止倾覆。

②凡屋顶有女儿墙的，则应砌女儿墙、做女儿墙构造柱、压顶等施工。砌女儿墙也要放线，立皮数杆。砌筑时要留出屋面的排水孔。

2）坡屋面的施工

屋面坡度大于 5% 的均可以称为坡屋面。坡度小于 15% 时，可以同平屋面一样采用各类防水施工方法按屋面构造进行屋面工程的施工。当屋面坡度超过 25% 时，一般采用瓦屋面、波形瓦屋面、油毡瓦屋面、彩钢板压型屋面及特种钢板屋面等。

砌体结构的坡屋面结构层，可以用硬山搁檩，木屋架或混凝土屋架加檩条，也可以浇筑混凝土的斜坡屋面，都要根据施工图确定。

施工时要作好施工准备，如找坡、放线、立皮数杆等；材料准备如做屋架、檩条，以及验收屋架和檩条（主要是混凝土檩条的质量）。如做斜板屋面，则要做好模板、钢筋、混凝土等材料准备。

坡屋顶的施工主要应注意的是：

①屋面坡度必须找准，尤其山墙与中间为屋架的，这两者之间坡度必须一致。

②凡用屋架者，要做好屋架支座处与墙体的连接，屋架与屋架间的支撑。

③檩条支座处，木檩条要防腐和钉牢，混凝土檩条要电焊。

④屋面板和檩条的结合，要符合木结构施工与验收规范。

⑤施工时外脚手板的施工面应升至檐口高度，立杆应超过檐口 1 m 以上，并有两道护栏，以保证安全施工。

1.3.4 建筑装饰装修工程施工组织

装饰工程的施工可分为室外装修（檐沟、女儿墙、外墙、勒脚、散水、台阶、明沟、雨水管等）和室内装饰（顶棚、墙面、楼面、地面、踢脚线、楼梯、门窗、五金、油漆及玻璃等）两个方面的内容。其中，内、外墙及楼地面的饰面是整个装修工程施工的主导过程，因此，要着重解决饰面工作的空间顺序。

1）室外装修工程

室外装修自上而下（图 1.15）的顺序是在屋面工程全部完工后，室外抹灰从顶层到底层依次向下进行。其施工顺序一般为水平向下，采用这种顺序的优点是：可以使房屋在主体结构完成后，有足够的沉降和收缩期，从而可以保证装修工程质量，同时便于脚手架的及时拆除。砌体结构房屋一般层数不多，为施工方便，往往自上而下进行装饰施工。

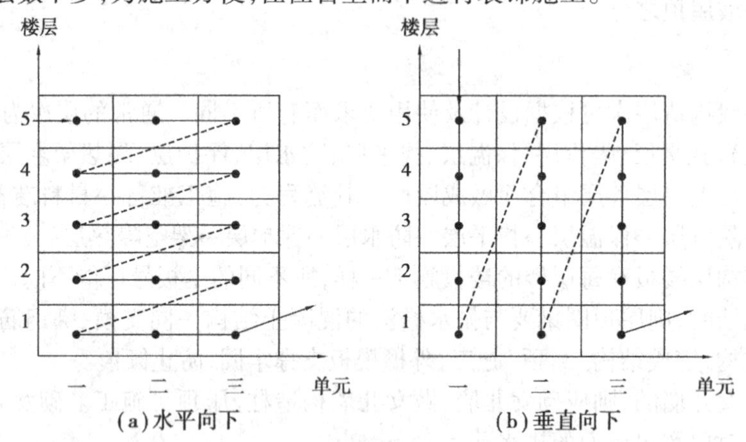

图 1.15 自上而下的流水顺序

砌体结构室外装修自上而下的施工顺序如图 1.16 所示。

2）室内装修工程

室内装修自上而下的施工顺序，是指主体工程及屋面防水层完工后，室内抹灰从顶层往底层依次逐层向下进行。其施工流向又可分为水平向下和垂直向下两种，通常采用水平向下的施工流向。采用自上而下施工顺序的优点是：可以使房屋主体结构完成后，有足够的沉降和收缩期，沉降变化趋向稳定，这样可保证屋面防水工程质量，不易产生屋面渗漏，也能保证室内装修质量，可以减少或避免各工种操作互相交叉，便于组织施工，有利于施工安全，而且也很方便楼层清理。其缺点是：不能与主体及屋面工程施工搭接，故总工期相对较长。

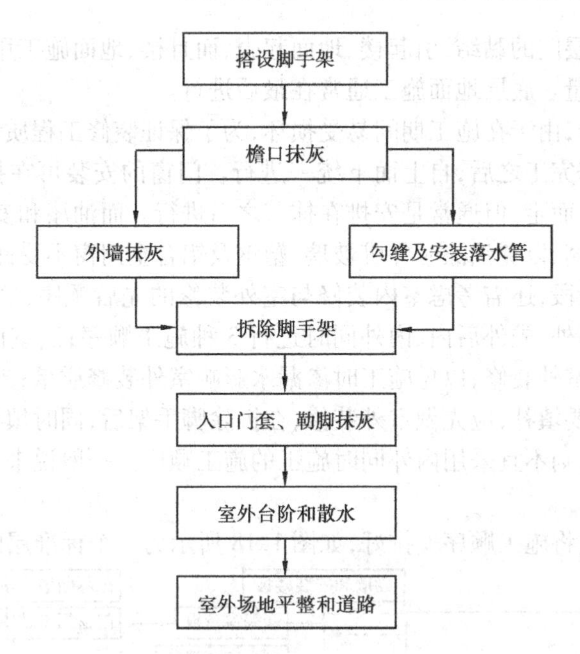

图 1.16　室外装修自上而下的施工顺序

室内装修自下而上(图 1.17)的施工顺序,是指主体结构施工到三层及三层以上时(有两层楼板,以确保底层施工安全),室内抹灰从底层开始逐层向上进行,一般与主体结构平行搭接施工。其施工流向又可分为水平向上和垂直向上两种,通常采用水平向上的施工流向。为了防止雨水或施工用水从上层楼板渗漏而影响装修质量,应先做好上层楼板的面层,再进行本层顶棚、墙面、楼、地面的饰面。采用自下而上的施工顺序的优点是:可以与主体结构平行搭接施工,从而缩短工期。其缺点是:同时施工的工序多、人员多、工序间交叉作业多,要采取必要的安全措施;材料供应集中,施工机具负担重,现场施工组织和管理比较复杂。因此,只有当工期紧迫时,室内装修才考虑采取自下而上的施工顺序。

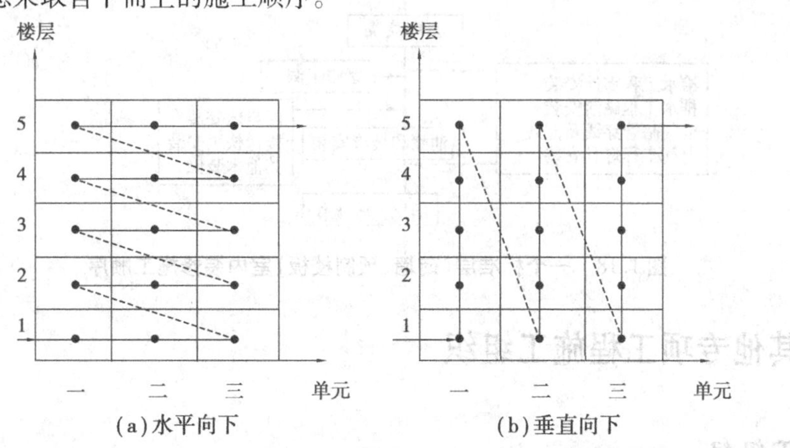

图 1.17　自下而上的流水顺序

室内装修的单元顺序即在同一楼层内顶棚、墙面、楼、地面之间的施工顺序,一般有两种:楼、地面→顶棚→墙面,顶棚→墙面→楼、地面。这两种施工顺序各有利弊。前者便于清理地面基层,楼、地面质量易保证,而且便于收集墙面和顶棚落地灰,从而节约材料,但要注意楼、地面成品保护,否则后一道工序不能及时进行。后者则在楼、地面施工之前,必须将落地灰清扫干净,否则会影响与结构层间的黏结,引起楼、地面起壳,而且楼、地面施工用水的渗漏可能影响下层墙面、顶棚的施工质量。底层地面施工通常在最后进行。

楼梯间和楼梯踏步,由于在施工期间易受损坏,为了保证装修工程质量,楼梯间踏步装修往往安排在其他室内装修完工之后,自上而下统一进行。门窗的安装可在抹灰之前或之后进行,主要视气候和施工条件而定,但通常是安排在抹灰之后进行。而油漆和安装玻璃的次序是应先油漆门窗扇,后安装玻璃,以免油漆时弄脏玻璃,塑钢及铝合金门窗不受此限制。

在装修工程施工阶段,还需考虑室内装修与室外装修的先后顺序,这与施工条件和天气变化有关。通常有先内后外、先外后内、内外同时进行 3 种施工顺序;当室内有水磨石楼面时,应先做水磨石楼面,再做室外装修,以免施工时渗漏水影响室外装修质量;当采用单排脚手架砌墙时,由于留有脚手眼需要填补,应先做室外装修,在拆除脚手架后,同时填补脚手眼,再做室内装修;当装饰工人较少时,则不宜采用内外同时施工的施工顺序。一般说来,采用先外后内的施工顺序较为有利。

室内装修施工前应将施工顺序安排好,如图 1.18 所示为一个标准层的施工顺序。

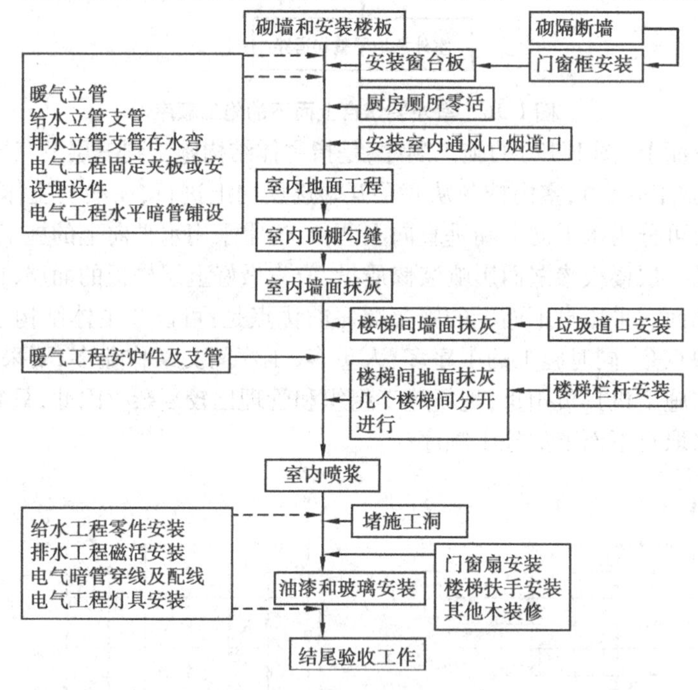

图 1.18　一个标准层(砖墙、预制楼板)室内装修施工顺序

1.3.5　其他专项工程施工组织

1)冬期施工组织

(1)冬期施工准备工作

做好冬期施工技术交底,确保每个工序按规定、规范、技术措施组织施工,要认真做好冬期施工记录,整理好施工技术档案;入冬前,要对现场的技术人员及作业人员进行技术培训,掌握有关冬期施工方案、施工方法、质量标准,掌握必须的技术工作和操作要点。冬期施工过程中,对于防冻剂掺量,原材料加热、混凝土养护和测温、试块制作的养护及保温、加热设施的管理等各项冬季施工措施，都要设置专人负责，及时做好记录，并由工程主要技术负责人和质量检查人员抽查，随时掌握质量状况，发现问题及时纠正，切实保证工程质量；在冬期施工期间，必须指定专人掌握气温变化情况，及时传达气象信息，并随时做好气象记录，并有针对气温骤降的技术措施和物资准备。

(2)冬期施工主要技术措施

①砌筑用块材砌筑前应清除表面污物、冰雪等，不得使用遭水浸和受冻后的砖或砌块。

②砂石不许含有冰块，拌和砂浆用水加热，温度不得超过 80 ℃，砂浆的稠度宜比常温施工时适当增加。冬期搅拌水泥砂浆的时间应适当延长，一般要比常温期间增长 0.5 ~1 倍。

③调制砂浆应做到随用随拌，不应一次调制过多，堆放时间过长；日最低温度等于或者低于 -15 ℃时，对砌筑承重砌体的砂浆标号，应该按常温施工提高一级。

④施工时要经常检查灰缝的厚度和均匀性。下班前，将垂直灰缝填满，上面不铺灰浆，同时用草帘等保温材料将砌体上表面加以覆盖。次日上班时，应先将砖表面霜雪扫净，然后继续砌筑。冬期施工每日砌体高度及临时间断处高度差均不得大于 1.2 m。

2)雨期施工组织

(1)雨期施工准备工作

制订专项的雨期砌体工程施工方案；在砌筑施工前对操作人员进行雨期砌体工程技术交底；砌筑材料堆放点应做好防雨和排水措施；木门、木窗、石膏板、轻钢龙骨等以及怕雨淋的材料如水泥等，应采取有效措施，放入棚内或屋内，要垫高码放并要通风，以防受潮；做好场地周围防洪排水措施，疏通现场排水沟道，做好低洼地面的挡水堤，准备好排水机具，防止雨水淹泡地基；现场主要运输道路硬化，道路两旁要做好排水沟；电气设备必须有防雨、防雷、避雷措施，机座要保持一定的高度，配电箱、电机、电焊机等要有防雨罩，各类施工机械设备，应在雨季之前普查一遍，做到安全可靠。

(2)雨期施工主要技术措施

①雨期施工的工作面不宜过大，应逐段、逐区域地分期施工。

②基坑(槽)边设挡水埂，基坑内设集水井；基坑挖完后应立即浇筑好混凝土垫层。

③确实无法施工，可留接槎缝，但应做好接缝的处理工作。

④施工过程中，考虑足够的防雨应急材料，如人员配备雨衣、电气设备配置挡雨板，成形后砌体的覆盖材料(如油布、塑料薄膜等)，尽量避免砌体被雨水冲刷。

⑤逢雨期时，穿插室内作业，使工期不受影响。

1.4　砌体结构房屋施工质量验收

1.4.1　砌体结构房屋施工质量验收一般程序

根据《建筑工程质量验收统一标准》(GB 50300—2013)的要求，建筑工程质量验收应划分为单位(子单位)工程、分部(子分部)工程、分项工程和检验批。

土建工程共分为 4 个分部工程(30 个子分部工程)见表 1.1，检验批数按变形缝、楼层或施工段进行划分。

表1.1 土建工程分部分项工程划分表

序号	分部工程	子分部工程	常用分项工程
1	地基与基础	无支护土方	土方开挖、土方回填
2		有支护土方	排桩、降水、排水、地下连续墙、锚杆、水泥土墙、混凝土支撑等
3		地基处理	灰土地基、砂和砂石地基、重锤夯地基、强夯地基、预压基等
4		桩基	静力压桩、钢筋混凝土预制桩、钢桩、混凝土灌注桩、锚杆静压桩等
5		地下防水	防水混凝土,砂浆防水层,卷材、涂料防水层和金属、塑料防水层
6		混凝土基础	模板、钢筋、混凝土、后浇带混凝土、混凝土结构缝处理
7		砌体基础	砖砌体、混凝土砌块砌体、配筋砌体、石砌体
8		劲钢(管)混凝土	劲钢(管)焊接、劲钢(管)与钢筋的连接、混凝土
9		钢结构	焊接钢结构、栓接钢结构、钢结构制作、钢结构安装与涂装
10	主体结构	混凝土结构	模板、钢筋、混凝土、预应力、现浇结构、装配式结构
11		劲钢(管)混凝土结构	劲钢(管)焊接、螺栓连接、劲钢(管)制作、安装、混凝土
12		砌体结构	砖砌体、混凝土小型空心砌块砌体、石砌体、填充墙砌体等
13		钢结构	钢结构焊接、紧固件连接、单、多层钢结构安装、钢网架安装
14		木结构	方木和原木结构、胶合木结构、轻型木结构、木构件防护等
15		网架和索膜结构	网架制作、网架安装、索膜安装、网架防火、防腐涂料
16	建筑装饰装修	地面	基层、垫层、隔离层(防水层)、整体面层、板块面层等
17		抹灰	一般抹灰、装饰抹灰、清水墙勾缝等
18		门窗	木门窗、金属门窗、塑料门窗、特种门安装、门窗玻璃安装等
19		吊顶	暗龙骨吊顶、明龙骨吊顶
20		轻质隔墙	板材隔墙、骨架隔墙、活动隔墙、玻璃隔墙等
21		饰面板(砖)	饰面板安装、饰面砖粘贴
22		幕墙	玻璃幕墙、金属幕墙、石材幕墙
23		涂饰	水性涂料涂饰、溶剂型涂料涂饰、美术涂饰
24		裱糊与软包	裱糊、软包
25		细部	橱柜制安、窗帘盒、窗台板、门窗套、护栏和扶手、花饰制安
26	建筑屋面	卷材防水屋面	保温层、找平层、卷材防水层、细部构造
27		涂膜防水屋面	保温层、找平层、涂膜防水层、细部构造
28		刚性防水屋面	细石混凝土防水层、密封材料嵌缝、细部构造
29		瓦屋面	平瓦屋面、油毡瓦屋面、金属板屋面、细部构造
30		隔热屋面	架空屋面、蓄水屋面、种植屋面

检验批质量合格标准为主控项目和一般项目的质量经抽样检验合格,具有完整的施工操作

依据和质量检查记录。

分项工程的验收是在检验批基础上进行的，因此将有关检验批汇集成分项工程，只要构成分项工程的各检验批的验收资料文件完整，并且均已验收合格，则分项工程验收合格。

分部（子分部）工程分项工程的验收是在所含分项工程的质量均应验收合格的基础上进行，只要质量控制资料完整，地基与基础、主体结构和设备安装等分部工程有关安全及功能的检验和抽样检测结果应符合有关规定，且观感质量验收应符合要求，则分部工程验收合格。

单位工程质量验收也称质量竣工验收，是建筑工程投入使用前的最后一次验收，也是最重要的一次验收。要求质量控制资料完整，单位（子单位）工程所含分部工程有关安全和功能的检测资料应完整，主要功能项目的抽查结果应符合相关专业质量验收规范的规定，且观感质量验收应符合要求。质量合格除须具备以上5个条件外，还需对涉及安全和使用功能的分部工程进行检验资料的复查；对主要使用功能项目还需进行抽查；并且由参加验收的各方人员共同进行观感质量检查。

1.4.2　砌体结构房屋施工质量验收主要工作

①砌体结构工程所用的材料应有产品的合格证书、产品性能形式检测报告，质量应符合国家现行有关标准的要求。块体、水泥、钢筋、外加剂尚应有材料主要性能的进场复验报告，并应符合设计要求。严禁使用国家明令淘汰的材料。

②任意一组砂浆试块的强度不得低于设计强度的75%。

③基础放线尺寸的允许偏差应符合验收规范要求。

④砖砌体应横平竖直、砂浆饱满、上下错缝、内外搭砌，接槎可靠。

⑤砖、小型砌块体允许偏差和外观质量标准应符合表1.2的规定。

表1.2　砖、小型砌块砌体尺寸、位置的允许偏差及检验

<table>
<tr><th colspan="3">项　目</th><th>允许偏差(mm)</th><th>检验方法</th><th>抽检数量</th></tr>
<tr><td colspan="3">轴线位移</td><td>10</td><td>用经纬仪和尺或用其他测量仪器检查</td><td>承重墙、柱全数检查</td></tr>
<tr><td colspan="3">基础、墙、柱顶面标高</td><td>±15</td><td>用水准仪和尺检查</td><td>不应小于5处</td></tr>
<tr><td rowspan="3">墙面垂直度</td><td colspan="2">每层</td><td>5</td><td>用2 m托线板检查</td><td>不应小于5处</td></tr>
<tr><td rowspan="2">全高</td><td>10 m</td><td>10</td><td rowspan="2">用经纬仪、吊线、尺或其他测量仪器检查</td><td rowspan="2">外墙全部阳角</td></tr>
<tr><td>10 m</td><td>20</td></tr>
<tr><td rowspan="2">表面平整度</td><td colspan="2">清水墙、柱</td><td>5</td><td rowspan="2">用2 m靠尺和楔形塞尺检查</td><td rowspan="2">不应小于5处</td></tr>
<tr><td colspan="2">混水墙、柱</td><td>8</td></tr>
<tr><td rowspan="2">水平灰缝平直度</td><td colspan="2">清水墙</td><td>7</td><td rowspan="2">拉5 m线和尺检查</td><td rowspan="2">不应小于5处</td></tr>
<tr><td colspan="2">混水墙</td><td>10</td></tr>
<tr><td colspan="3">门窗洞口高、宽（后塞口）</td><td>±10</td><td>用尺检查</td><td>不应小于5处</td></tr>
<tr><td colspan="3">外墙下窗口偏移</td><td>20</td><td>以底层窗口为准，用经纬仪或吊线检查</td><td>不应小于5处</td></tr>
</table>

续表

项　目	允许偏差(mm)	检验方法	抽检数量
清水墙游丁走缝	20	以每层第一皮砖为准,用吊线和尺检查	不应小于5处

1.5 砌体结构房屋施工实例

1.5.1 工程概况

某工程为一栋三单元砌体结构住宅,主体为6层,建筑面积为4 074.2 m^2(图1.19);基础为灰土地基,30 mm厚混凝土垫层上做砖砌条形基础,墙体采用MU10页岩标砖,层层设置圈梁加护震组合柱,橱房、卫生间、楼梯为现浇钢筋混凝土,其余楼板为预应力圆孔楼板。内墙面为一般抹灰,刷乳胶漆,楼地面为水泥砂浆地面;铝合金窗、木门;外墙面为水泥砂浆抹灰,刷乳胶漆外墙涂料;屋面保温材料选用保温蛭石板,防水层选用4 mm厚SBS改性沥青防水卷材。

工程由于采用构造柱、圈梁等抗震构造措施,施工工序较多,工期也较长。

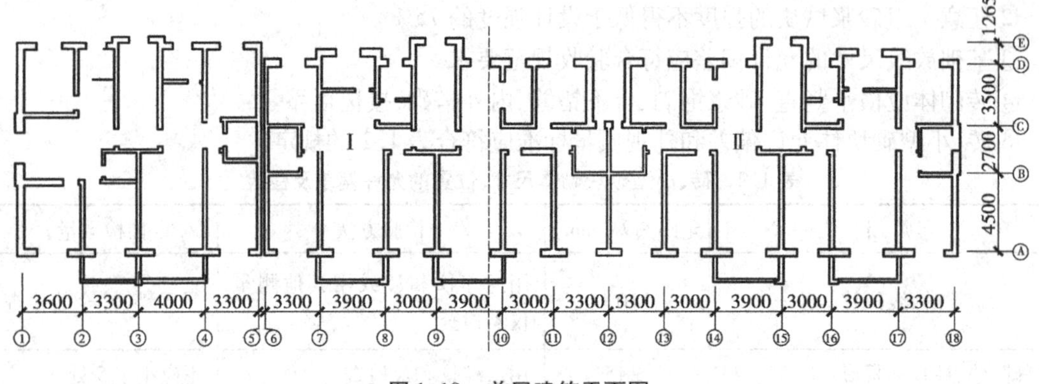

图1.19　首层建筑平面图

1.5.2 施工部署

按照“先地下、后地上、先结构、后装修”和装修施工“先外檐、后内檐”以及“外装修由上向下、内装修由下向上、收尾由上向下”的原则组织施工。

工程由于功能要求,安装管线较多。基础及主体施工期间安装工程应密切配合土建进度进行预留、预埋工作,主体完成后即可展开系统安装。

住宅楼总体施工程序如图1.20所示。

住宅楼定额工期为150 d。计划安排为145 d,其中基础工程24 d,屋面工程11 d,主体结构工程55 d,装饰工程70 d。

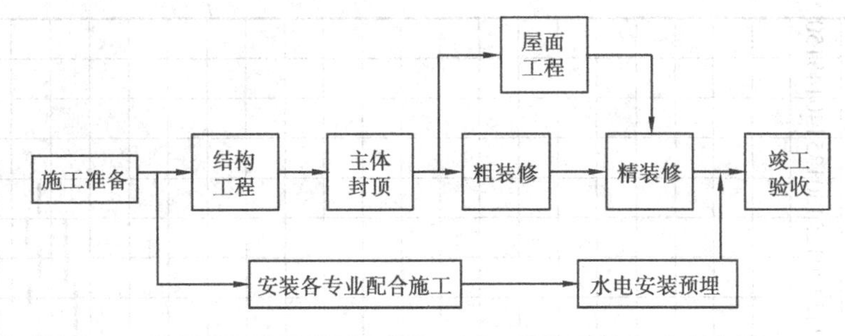

图 1.20 住宅楼总体施工程序

1.5.3 施工准备

施工准备工作见表 1.3。

表 1.3 施工准备工作内容

序号	项目	主要内容
1	施工现场准备	①清理现场障碍物、平整场地，铺设施工道路，做好给水、排水、施工用电、通信设施。搭设现场临时设施，配备消防器材，调试混凝土输送泵。 ②施工用水从建设单位提供的水源用 DN75 焊接钢管引入现场作为主管，可同时满足消防用水需要，支管用 DN50 和 DN32 焊接钢管，阀门用闸阀，各施工段用胶管接用。 ③施工用电采用三相五线制，按三级配电两级保护设置器具，用橡胶绝缘电缆埋地敷设。 ④主要施工机械的进场、安装、调试、验收；按计划组织劳动力、周转材料、工程材料进场。
2	技术准备	①组织施工管理人员认真熟悉图纸，领会实际意图，并完成图纸会审。 ②完善施工组织设计，编制好关键工序的施工作业指导书，做好技术交底工作。 ③测量组根据核定的坐标控制点及设计图放线，布置现场轴线控制网，高程控制网及沉降观测水准基点。 ④制订材料备料计划（特别是钢筋计划）、机具计划，同时做好土建与安装的配合协调组织工作。
3	劳动力、材料、设备、及资金准备	①根据该工程结构特点，需要工种，认真评审、择优选择具有高效率的施工队伍。 ②做好职员进场教育工作，按照开工日期和劳动力需用量计划，分别组织各工种人员分批进场，安排好职工生活。 ③做好职工安全、防火、文明施工和遵纪守法教育，对特殊工种进行上岗培训，不合格者不得上岗。 ④落实工程用料的货源及运输工具，对供货方进行评审，做好进货准备。 ⑤施工周转材料、施工机具提前进场，并做好相关检验、安装、调试、保养工作。 ⑥为工程的开工和前期工作准备足够的资金，专款专用。
4	场外组织与管理准备	签订施工合同、组织新材料、新工艺的应用工作。

1.5.4 施工进度计划及劳动力计划

施工进度计划见表 1.4。

表 1.4　施工进度计划

序号	分部分项工程名称	劳动量（工日）	每班工人数	每天工作班数	工作持续时间	施工进度 5	10	15	20	25	30	35	40	45	50	55	60	65	70	75	80	85	90	95	100	105	110	115	120	125	130	135	140	145	150
	地基与基础工程																																		
1	机械开挖开方	3 台班	12	1	3																														
2	灰土机械压实	3 台班	12	1	3																														
3	基础圈梁	106	26	1	4																														
4	砌砖基础	488	40	1	12																														
5	人工回填土	290	36	1	8																														
	主体工程																																		
6	脚手架	318	6																																
7	砌砖墙	1 900	40	1	48																														
8	圈梁构造柱模板钢筋混凝土	1 262	35	1	36																														
9	预制楼板安装灌缝	142	12	1	12																														
	屋面工程																																		
10	屋面找坡保温层	180	36	1	5																														
11	屋面找平层	41	20	1	2																														
12	屋面防水层	47	12	1	4																														
	装饰工程																																		
13	门窗框安装	24	4	1	6																														
14	外墙抹灰	517	22	1	24																														
15	顶棚内墙抹灰	2 074	44	1	48																														
16	楼地面及楼梯抹灰	610	26	1	24																														
17	铝合金窗扇及木门安装	382	16	1	24																														
18	涂料油漆	378	19	1	24																														
19	散水、勒角、台阶及其他	67	10	1	7																														
20	水、暖、电																																		

1.5.5 施工总平面布置

施工总平面布置图如图1.21所示。

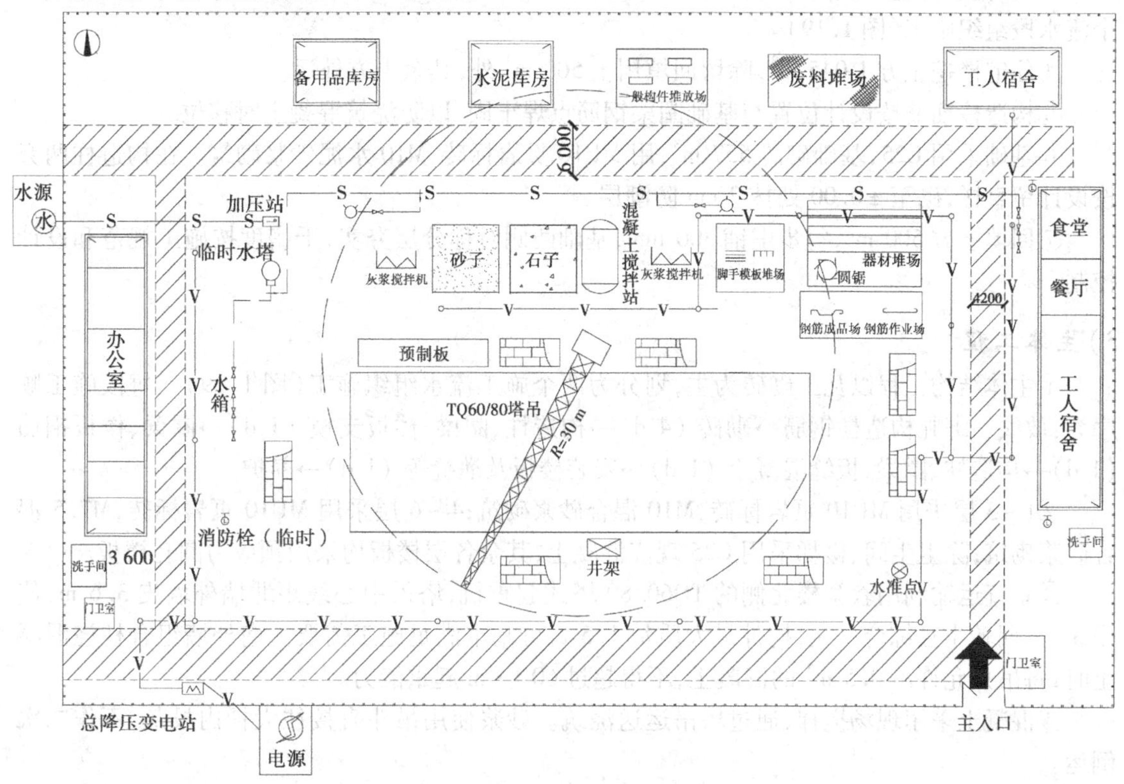

图1.21 施工总平面布置图

现场存砖13万块，为一层用量的半数以上，可使用10 d，要求按计划上料。在起重半径内存放150块楼板，可供一层使用，要按层配套供应。现场有循环道路4.2 m宽。上水作临时管线，并设消防栓1处。施工用电按计算配线。结构施工期间，在楼北侧安装TQ60/80塔吊1台，南侧安井架1台。

1.5.6 主要项目施工方法

1）定位放线

配备一台J6光学经纬仪、塔尺、重型垂球、长钢尺等测量仪器具。

在四大角外边延长4 m左右，钉上龙门桩筋或钢筋桩，并尽量延长到附近固定的建筑物或构筑物上，作为测设建筑各轴线交点的控制桩，控制桩轴线中心点应钉上小钉，再根据水准点的绝对标高换算为±0.000转抄于邻近建筑物或构筑物上。并用红油漆醒目的标示出来，作为以后高程控制的依据，利用已做好的龙门桩将各轴线用石灰粉撒好，以便下一步的土方开挖。

2）地基与基础工程

①根据地勘资料和设计要求，该工程基础持力层灰土垫层，挖方时按1:0.3进行放坡；灰土

垫层采用蛙式打夯机分层夯实，每层铺土厚度为 250 mm。

②基础施工顺序为：机械配合人工开挖基础土方至基底→验槽处理→灰土机械压实→基础圈梁→放线→砌筑基础砌体→埋设室内外管线→回填夯实土方。

③砌砖基础及基础墙，劳动量为 488 个工日，施工人数为 40 人，从中部门窗口处划分为 2 个流水段组织施工（图 1.19）。

④住宅楼挖土方 1 045 m^3，除留回填用土 500 m^3 外，其余土方外运。

⑤构造柱插筋按设计位置与基础圈梁钢筋点焊牢固，以防浇筑混凝土时移位。

⑥基础采用 C25，基础砌砖 557 m^3，用 MU10 页岩标砖、M10 水泥砂浆砌筑。在构造柱两旁按设计留直槎，砌至 ±0.00 处抹 2 cm 防潮层。

⑦回填土方 500 m^3，每步虚铺 300 mm，基础两侧对称分层夯实，干密度按施工规范和设计控制。

3）主体工程

①主体结构工程以瓦工砌砖为主，划分为两个施工流水组织施工（图 1.19）。每段施工顺序为：放线→绑扎构造柱钢筋→砌砖（4 d）→构造柱、圈梁、楼板支模（1 d）→圈梁、楼板钢筋（1 d）→构造柱、圈梁、板缝混凝土（1 d）→安装楼板及灌缝等（1 d）→养护。

②1～3 层采用 MU10 页岩标砖，M10 混合砂浆砌筑；4～6 层采用 MU10 页岩标砖，M7.5 混合砂浆砌筑；除卫生间、楼梯采用 C25 现浇混凝土，其余各层楼板均采用预应力圆孔楼板。

③垂直运输利用教学楼北侧的 TQ60/80 塔式起重机，塔吊中心线距北墙外墙皮 3.6 m，使用 30 m 回转半径综合吊装，构件最大质量 1.5 t，可基本满足施工需要。南外墙组合柱浇混凝土时，每吊只允许吊 0.5 m^3 的混凝土，不得超过 60 t · m 起重能力。

④混凝土采用现场搅拌，通过塔吊运送浇筑。砂浆使用吊斗直接往大桶内投灰，不作二次倒运。

⑤外墙使用单排钢管外脚手架，随主体楼层升高，架子始终高于施工作业面一步，作为勾缝、外墙抹灰、挂安全网之用，装饰施工阶段，脚手架根据需要适当调整，待外装饰施工后，随施工进度逐层拆除脚手架；现浇卫生间楼板施工时采用满堂支撑架，砌砖、内装饰时使用定型平台架子作里脚手架。

⑥设计要求在墙大角及纵横墙交接处、局部横墙、内外墙交接处等部位采取加筋抗震措施，施工时要严格按图纸要求施工，不得遗漏。370 mm 墙双面挂线，240 mm 墙外挂线，采用满丁满条砌法，统一排砖撂底，经验收合格后方可开始砌筑。240 mm 砖墙与外墙同时砌筑，120 mm 内隔墙后砌，不随结构层砌筑。

⑦每层分段进行流水作业，施工时内外墙应同时砌筑，避免留槎。施工流水段的划分及操作顺序的安排使砖墙不能同时连通砌筑时，施工段应在构造柱边自然断开或在门窗洞口处留施工缝，使接槎符合规范要求。

⑧为了保证构造柱不移位，砖墙在撂底排砖时要服从构造柱，砌砖时组合柱直槎要垂直，以保证组合柱位置准确。

⑨砌墙到圈梁底时，最上一皮砖要砌条砖，以便圈梁模板贴紧墙面，减少跑浆现象。

⑩圈梁支模采用硬架支模工艺。

⑪构造柱、圈梁及现浇楼板梁混凝土一律为 C25。构造柱每层高分 3 次循环浇筑，以防砖墙外鼓。构造柱采用工具式钢模板，支模要牢，防止外墙鼓胀。

4)屋面工程

屋面工程的施工:当主体结构封顶后,只要天气好,就立即插入屋面施工,并注意坡度、泛水、滴水线、落水口及管口周边的细部处理。

考虑到屋面防水要求高,所以不分段,采用依次施工的方式。其中屋面找平层完成后需要有一段养护和干燥的时间,方可进行防水层施工。

屋面工程的施工顺序:清理基层→管道洞口填塞→抄平放线做标志→铺水泥焦渣找坡层→铺保温蛭石板→铺细石混凝土→找平层→防水层→保护层。

防水层施工前,先补修留孔洞、管洞周边,经试水不渗漏后再做保温层,保温层须做成圆弧半径为50 mm圆角,并增加300 mm宽附加层。保温隔热层验收合格,确认其厚度、坡度、含水率符合设计要求,并办理隐蔽工程验收手续后,方可进行找平层的施工。

找平层的操作顺序是转角—立面—平面。一般屋面找平层先找坡、弹线、找好规矩,从女儿墙开始,按天沟、排水口顺序进行,待细部处理抹灰完成后再抹平面找平层。

防水卷材施工流程:清理基层→涂刷基层处理剂(为增强黏结)→复杂部位→转角加强层处理→铺贴卷材→卷材接缝处理→边缘密封处理→保护层施工→验收。

5)装饰工程

根据施工总进度的安排,主体工程分段验收后逐步插入内装修施工,分项、分工序组织平行流水和立体交叉作业,以充分利用时间和空间。外装修施工顺序采用自上而下,水平方向顺序施工。考虑到屋面防水层完成与否对顶层顶棚内墙抹灰的影响,顶棚抹灰采用五层→四层→三层→二层→一层→六层的起点流向。

①装饰阶段的施工,垂直运输利用1台自立式井架。装饰程序为:先屋面后地面,先水泥活后石灰活,先外墙后室内,防止颠倒工序造成返工。

②内装饰施工顺序:立门窗框→门窗洞口、墙面冲筋作口塞缝→清理地面→卫生间防水层→楼层地面→天棚内墙面抹灰→安门窗扇→内墙涂料→灯具→楼梯踏步。

③外装饰施工顺序:屋面防水层→外墙抹灰→外墙涂料→拆除外架→勒脚散水。

④卫生间防水层在四周墙面从地坪找平层起向墙面上延伸,并高出楼地面30 cm,门口要卷起阴角、管道口、地漏处应增加防水遍数。防水层及地面做好后,安完立管地漏和蹲坑后,必须将孔洞清理干净,先刷胶结合层,堵孔采用膨胀水泥防水砂浆,使堵孔砂浆密实,然后用油膏灌平板面,并注意地漏上口周边标高应比其他地坪高低1 cm左右,这样有效防止周边积水。地面完成后不准有渗漏水现象发生,要做蓄水试验。

⑤内墙面在抹灰前必须冲筋。门、窗框与墙面交接处缝隙用水泥砂浆堵严。墙面阳角作水泥包角。

⑥为保证通道与各房间门口处地面平整,标高一致,宜先做通道地面后做房间地面。如先作房间地面时,必须事先定好标高以确保通道与房间标高一致。

⑦外檐、挑檐、腰线、外窗台下的滴水线要按要求施工,不得遗漏。

⑧安装好窗框后,框四周与墙的缝隙应用矿棉条或玻棉毡条分层填塞紧密,并留10 mm槽,待抹灰完后,用密封胶嵌填,防止雨水浸入。

6)水暖、电气安装工程

①在基础回填土的同时,完成下水及管沟内管线。在主体施工阶段进行上下水、预留孔、电

线埋墙及过墙管的预留预埋工作,随主体工程同步完成,严禁事后凿墙。

②进入装饰施工阶段,室内水电工程做出标识,粉刷和做地坪时留出相应位置。电气安装在此阶段可先行穿线,待内粉基本完成后,再装灯具及开关。给排水管安装应待内粉结束,厨房、卫生间、楼地面基层完成,方可安装上下水干管及支管。待内、外装饰进入收尾阶段,水电工程也随之进入调试阶段,并在竣工验收前完成所有工作。

7)竣工扫尾阶段施工

本阶段主要以室外工程及内外装饰零星修补为主,同时做好人员清退离场、施工垃圾处理、临时设施拆除及永久道路铺面工作。

1.5.7 劳动力组织

劳动力组织按原施工队专业队组安排,不打乱工种界限,并根据进度计划安排用工。

1.5.8 主要机具需用计划

主要机具需用计划见表1.5。

表1.5 主要机具需用计划

机械或设备名称	规格型号	数量	机械或设备名称	规格型号	数量
塔式起重机	TQ60/80	1	发电机	FZH120	2
井架	六柱	1	插入式震动棒	Z－55	6
电焊机	LHF-40045	2	刨木机		1
圆盘锯	MJ225	1	蛙式打夯机	HW02	2
钢筋弯曲机	WQ50	1	平板震动器	ZW－2	2
钢筋切断机	GJ40	1	砂浆搅拌机	立式	1

1.5.9 各项管理措施

(1)工程质量

①基础、主体结构、地面、门窗、装饰、屋面、水暖、电气各检验批、分项、分部(子分部)工程质量合格率100%。单位工程质量竣工验收(包括分部工程质量、质量控制资料、安全和主要使用功能、观感质量)符合有关规范和标准要求,一次交验合格率100%。

②施工前作好分工种书面技术交底,施工中认真检查执行情况,及时处理各道工序隐、预检。

③推行样板制和瓦工、木工、抹灰工三大工种"三上墙"制度(名字、等级、质量挂牌上墙),贯彻自检、互检、交接检制度,分层分段进行验收评定。坚持按工序、程序组织施工,不得任意颠倒工序。

④砂浆及混凝土要按配合比认真配料,保证计量准确。各种原材料及构件均应使用合格

产品。

(2)安全生产

①杜绝重大伤亡事故,减少轻伤事故,轻伤事故频率控制在1.5‰以内。

②一层固定一道6 m宽双层安全网,单排外架子上立挂安全网。

③进入现场要戴安全帽,出入口要搭设防护棚。

④严格执行安全生产制度及安全操作规程的各项规定。

(3)成品保护

①门口安装后,为防止手推车运料碰撞门口,在木制门口上应装钉护铁。

②水泥地面完成后,严禁在其上拌灰,如需拌灰时,应在铁盘上进行。

(4)节约措施

①作好土方平衡,如果槽内挖出的土符合使用要求,回填土和灰土均应利用。

②砌筑砂浆掺塑化剂和粉煤灰,以增加和易性并节约水泥。

③混凝土加木质磺酸钙或建1型减水剂,以节约水泥。

④合理选用砂浆及混凝土配合比,充分利用水泥活性。

⑤圈梁模板采用硬架支撑,重复使用,节约木材。

⑥外墙脚手架使用单排钢管脚手架,重复使用。

⑦严格控制墙面平整度,减少抹灰厚度。

⑧控制计划进料,材料进场应量方点数。砂石清底使用,水泥等按限额领料,逐项结算。

⑨各工种要活完脚下清,不再用工清理。

习 题

1. 简述砌体结构房屋的特点。
2. 简述砌体结构房屋的施工程序。
3. 简述砌体结构房屋的施工准备。
4. 简述砖砌基础的主要施工工序。
5. 简述土方开挖的施工工艺过程。
6. 简述砖砌体结构主体工程的施工顺序。
7. 简述砌块安装前的准备工作。
8. 简述砌块建筑施工工艺。
9. 简述坡屋顶的施工注意事项。
10. 简述砌体结构房屋施工质量验收的主要工作。
11. 简述砌体结构房屋施工质量验收的一般程序。
12. 简述砌体结构房屋施工质量验收的主要工作。

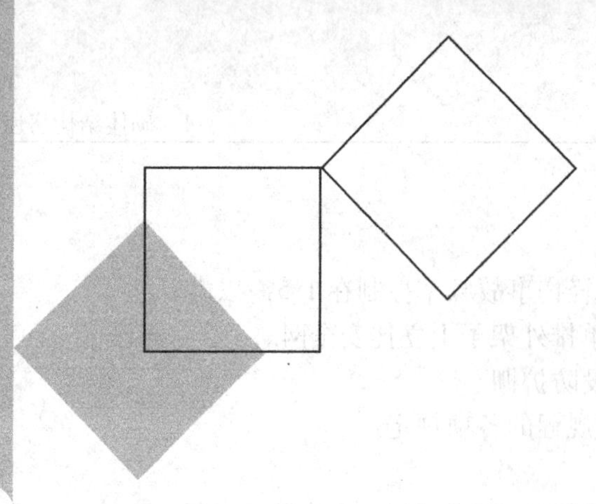

2 现浇混凝土结构房屋施工

本章导读：

- **基本要求** 了解现浇混凝土结构房屋的构造及施工的一般程序；掌握现浇混凝土结构房屋施工准备工作；掌握现浇混凝土结构房屋施工组织；掌握现浇混凝土结构房屋施工质量验收主要工作。
- **重点** 掌握现浇混凝土结构房屋施工组织中地基与基础工程施工组织、主体结构工程施工组织、建筑屋面工程施工组织。
- **难点** 现浇混凝土结构房屋施工组织中地基与基础工程施工组织、主体结构工程施工组织。

2.1 现浇混凝土结构房屋施工概述

现浇钢筋混凝土结构是将基础、柱、梁、楼板等构件在现场的设计位置浇筑成为整体的结构。钢筋混凝土结构也是房屋主体结构的一种类型。它主要以钢筋和混凝土材料组合成房屋的骨架，由板、梁、柱和基础组成的多层承重骨架体系。

钢筋混凝土结构强度高、刚度大、抗震性能好、耐火性能好、材料来源丰富，与钢结构相比用钢量少、造价低。因此，在建筑工程中占据重要地位，应用十分广泛。近年来人造轻骨料和混凝土预应力技术的发展，可减轻钢筋混凝土结构的自重，使其获得更加显著的经济效果。到目前为止，我国所建的多、高层建筑，特别是高层建筑几乎全部是钢筋混凝土结构。

钢筋混凝土结构体系主要分为框架结构、框架－剪力墙结构、剪力墙结构和筒体结构等。

现浇钢筋混凝土结构的施工是由模板工程、钢筋工程和混凝土工程3个主要工种工程所组成，其一般的施工程序如图2.1所示。由于它的施工是多工种的相互配合进行，因此，在组织施工时，必须做好充分的准备工作，合理安排施工工序和调配劳动力，加强管理，完善技术措施，以使各工种工程施工能紧密配合，加快施工速度，保证工程质量。

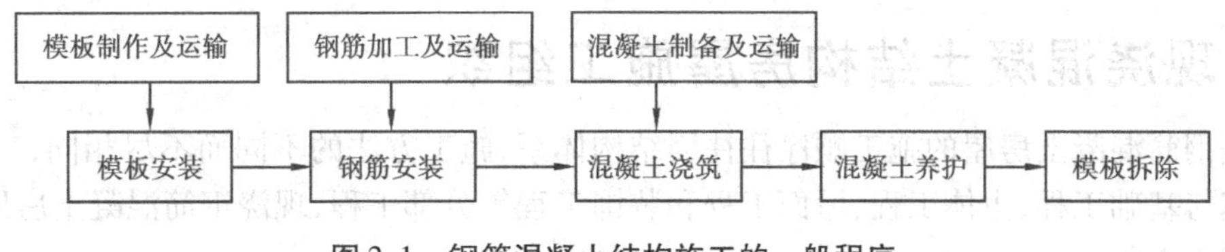

图 2.1　钢筋混凝土结构施工的一般程序

2.2　现浇混凝土结构房屋施工准备

2.2.1　人员及组织准备

建立项目管理组织机构，建立健全项目的各项管理规章制度，制订工程劳动力需要量计划并按计划组织劳动力进场。做好管理人员和施工队伍教育培训和组织技术交底工作，作好后勤保障准备工作。

2.2.2　现场准备

根据水准点及建筑红线，建立施工区内高程和平面控制网，做好控制网的保护工作，并在此控制网的基础上进行工程的建筑定位及细部放线、沉降观测等工作；清除障碍物，确保施工现场“七通一平”；按照消防要求，设置足够数量的消火栓；按照施工平面布置图建造各项施工临时设施以及临水、临电布置；做好施工现场的补充勘探；根据施工组织方案组织施工机械、设备、工具和材料进场，按照指定地点和方式存放，并应进行相应的保养和试运转工作。遇到冬雨等季节施工，还应有相应的准备工作。

2.2.3　技术准备

技术准备的主要内容主要有熟悉图纸，组织图纸会审，必要时需要进行施工图深化设计；为工程准备所用的主要规范、规程、标准、图集等；按国家现行有关标准对各项设备仪器进行安装、调试及检测；对进场材料进行检验；对甲方提供的测量基准点进行复核，并做好保护，同时对基准点进行交底、复核及验收；在施工组织设计方案的基础上，编制更加详实的分项工程施工方案，编制施工预算；组织技术培训；编制试验检测计划；样板项、样板间计划；新技术、新工艺、新材料、新设备推广计划等。

2.2.4　其他准备

与分包单位签订分包合同；外购物资的加工和订货；建立施工外部环境；季节性施工准备等。

2.3 现浇混凝土结构房屋施工组织

现浇钢筋混凝土房屋的施工顺序往往因结构体系、施工方法的不同而不尽相同，一般可划分为地基与基础工程、主体工程、屋面工程和装饰工程等分部工程，现浇钢筋混凝土房屋的施工顺序如图 2.2 所示。

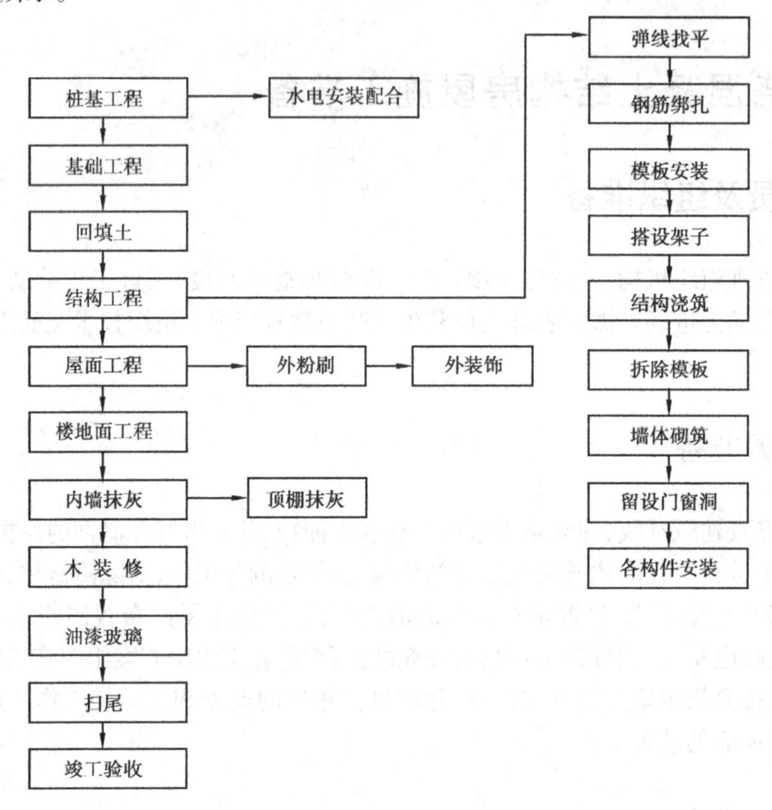

图 2.2 现浇钢筋混凝土房屋的施工顺序

2.3.1 地基与基础工程施工组织

现浇混凝土结构建筑的基础一般为钢筋混凝土基础和桩基，钢筋混凝土基础形式有条形基础、独立基础、筏板基础、箱形基础。除在特殊情况下采用逆作法施工外，通常采用自下而上的顺序，即：挖土、清槽、桩施工、垫层、柱头处理、防水层、保护层、承台梁板施工、柱墙施工、梁板施工、外墙防水、保护层、回填土。

1）土方开挖

土方的开挖有大开挖和基槽开挖两类。目前有地下室的现浇混凝土结构建筑都采用大开挖施工；多层条基的房屋建筑、无地下室的都为基槽开挖。前者主要是机械挖掘为主，后者多为人工开挖。无论采用何种开挖方式，除有边坡支护措施外，要考虑基坑（槽）的放坡。

（1）放坡开挖

基坑（槽）放坡开挖的一般程序为：测量放线→切线分层开挖→排降水→修坡→整平→留

足预留土层等。

①基坑(槽)开挖,应进行测量定位、抄平放线,定出开挖宽度,根据土质和水文情况确定在四侧或两侧放坡,坑底宽度应注意预留施工操作面;相邻基坑开挖时应遵循先深后浅或同时进行的施工程序,挖土应自上而下水平分段分层进行,边挖边检查坑(槽)底宽度及坡度,每3 m左右修一次坡,至设计标高再统一进行一次修坡清底。

②基坑(槽)开挖,上部应有排水措施,防止地表水流入坑内冲刷边坡,造成塌方和破坏基土;在地下水位以下挖土,应在基坑(槽)内设置排水沟、集水井或其他施工降水措施,降水工作应持续到基础施工完成;雨季施工时基坑(槽)应分段开挖,挖好一段浇筑一段垫层。

③基坑(槽)挖好后不能立即进入下道工序时,应预留15(人工)~30(机械)cm厚土层不挖,待下道工序开始前再挖至设计标高,以防止持力层土壤被曝晒或雨水浸泡。

④弃土应及时运出,在基坑(槽)边缘上侧临时堆土、材料或移动施工机械时,应与基坑上边缘保持1 m以上的距离,以保证坑壁或边坡的稳定。

⑤基坑挖完后,应组织有业主、设计、勘察、监理四方参与的基坑验槽,并报质监站验证。符合要求后方可进入下一道工序。

(2)支护开挖

城市施工一般很少有足够场地满足基坑放坡,因此,深基础边坡支护系统及其施工便应运而生并得到长足的发展。当地下水位较高,其标高在基底标高以上者,尚需采取降水措施。基坑支护结构目前用得最多的是排桩、地下连续墙、水泥土墙和土钉墙。现以排桩为例简述支护系统的施工组织工作。

①排定护坡桩位

a. 根据施工图纸,确定拟建基础的外轮廓线。

b. 根据设计要求的外防水层做法,全面考虑防水找平层、防水层、防水保护层(或保护墙)厚度。

c. 沿建筑物四周放出护坡桩中心连线,然后再按护坡桩设计方案排定各具体桩位。

②材料、机械准备

a. 机械钻孔式护坡桩应按设计要求的桩径、桩深、配筋要求、混凝土强度等级逐次准备好钢筋并绑扎成型,使用商品混凝土时,应向供应商明确各项要求,组织钻孔机械进场并提供相应的操作、周转、水电源供应等条件。

b. 人工扩孔式护坡桩除上述材料准备外,尚应准备孔下照明用24 V低压灯、提土用的卷扬机或手动辘轳、空气压缩机及送气皮管、安全带及安全保险绳、桩孔混凝土护壁模板及钢筋等。

③确定施工顺序

a. 机械钻孔钢筋混凝土灌筑护坡桩的施工顺序如图2.3所示。

搭接时间是此种施工的关键,钻孔成孔后,应立即放入钢筋笼并随之浇筑混凝土,以防塌孔影响后续施工及桩的承载能力。

b. 人工扩孔式钢筋混凝土灌筑护坡桩施工比较复杂,组织要求很高,安全工作非常重要,有些地区尚要求报城建主管部门审批。但这种方法可以满足大直径护坡桩的施工需要,且成本较低,故也常采用。其施工顺序如图2.4所示。

人工扩孔护坡桩下钢筋笼和浇筑桩混凝土的搭接时间不必完全连续,但以尽快为宜。需要注意的是,每一步挖桩和护壁施工必须连续,即每挖完一步土(每1 m为一步),护壁施工必须

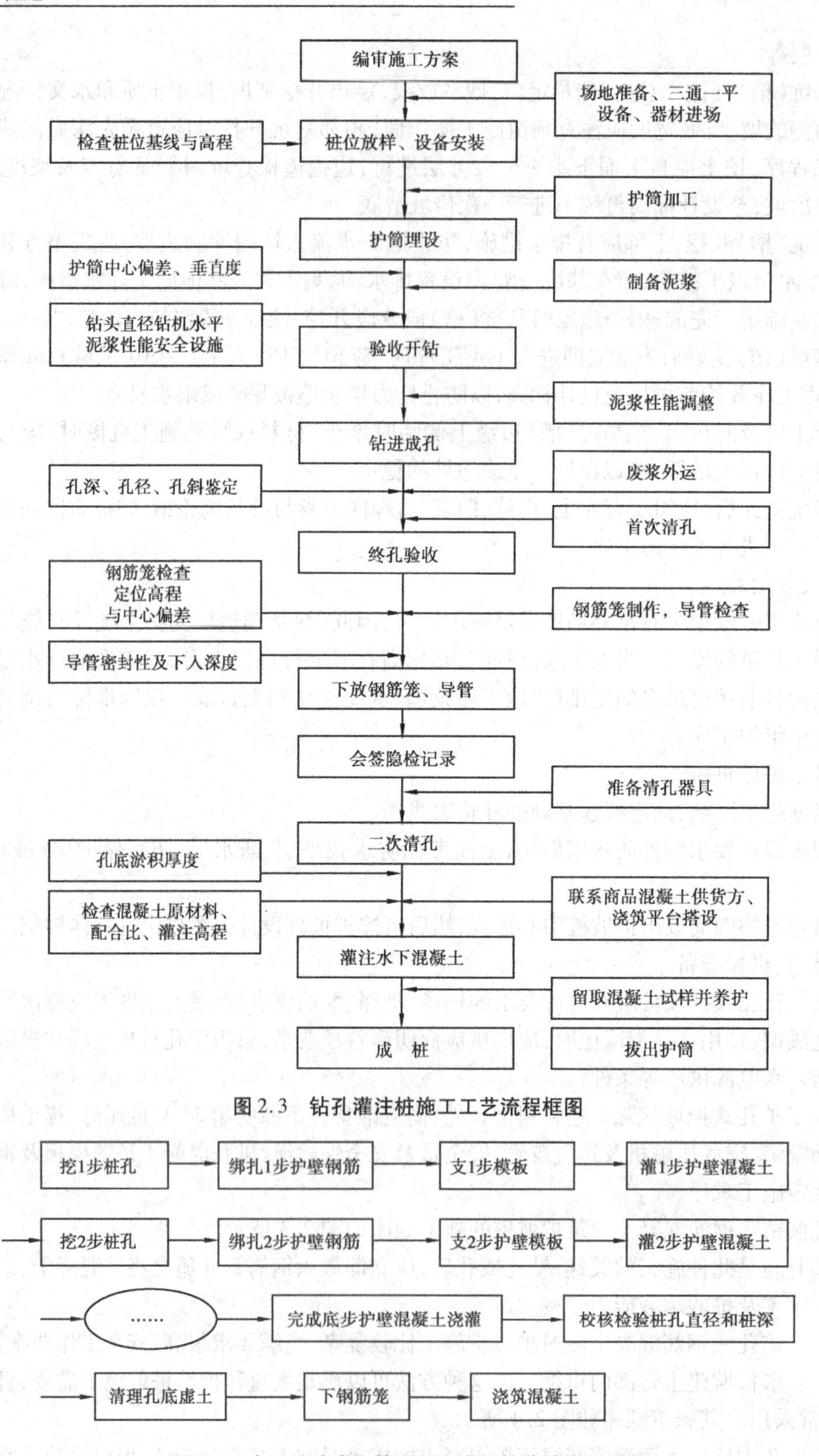

图 2.3　钻孔灌注桩施工工艺流程框图

图 2.4　人工扩孔式钢筋混凝土灌筑护坡桩施工顺序

连续作业,不得停顿,以防塌孔。

护坡桩的混凝土达到设计强度后,即可以开始土方开挖。

④土方开挖

在基坑深度大、地下水位高,周围环境不允许拉锚的情况下,一般采用内支撑形式。土方开挖的施工工艺必须与支撑结构形式、平面位置相配套,并必须先撑后挖。如采用周边桁架支撑形式,可采用中心岛式挖土方案(图 2.5),先挖去周边土层,进行桁架式支撑结构的架设或浇筑,待周边桁架支撑形成后再开挖中间岛区的土方;当采用十字对撑式支撑时,由于支撑设置会对下层土方开挖的机械化作业产生一定限制,所以常采用盆式开挖(图 2.6)的施工方案,使用机械一般为反铲和抓铲挖掘机。

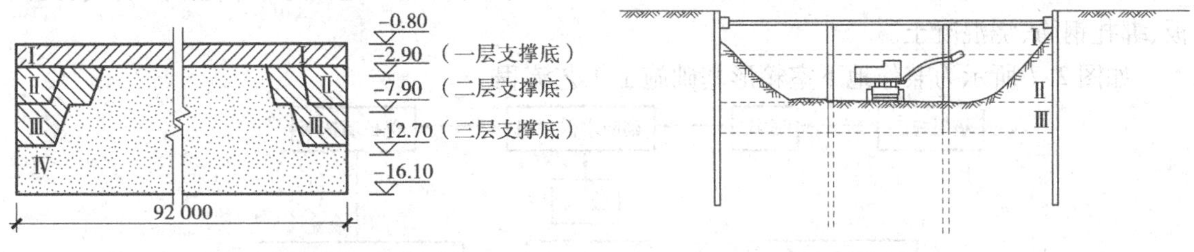

图 2.5 岛式挖土顺序

图 2.6 盆式挖土顺序

当周围环境和地质条件允许采用拉锚的支护结构时,基坑内的挖土作业条件比较宽敞。一般按锚杆设置位置进行分层开挖,每层开挖深度需满足锚杆施工机械的作业,施工过程可进行各种优化,配置挖土及运土机械。

整个土方的开挖顺序,必须与支护结构的设计工况严格一致。要遵循开槽支撑、先撑后挖、分层开挖、严禁超挖的原则。

为减少时间效应,挖土时尽量缩短围护墙无支撑的暴露时间。一般对一、二级基坑,每一工况挖至规定标高后,钢支撑的安装周期不宜超过一昼夜,混凝土支撑的完成时间不宜超过两昼夜。对面积较大的基坑,为减小空间效应的影响,基坑土方宜分层、分块、对称、限时进行开挖时,开挖顺序要为尽可能早地为安装支撑创造条件。

土方挖至设计标高后,对有钻孔灌筑桩的工程,宜边破桩头边浇筑垫层,尽可能早一些浇筑垫层,以便利用垫层(必要进可加厚作配筋垫层)对围护墙起支撑作用,以减少围护墙的变形。

挖土机挖土时严禁碰撞工程桩、支撑、立柱和降水的井点管。分层挖土时,层高不宜过大,以免土方侧压力过大使工程桩变形倾斜,在软土地区尤为重要。

同一基坑内深浅不同时,土方开挖宜先从浅基坑处开始,如条件允许可待浅基坑处底板浇筑后,再挖基坑较深处的土方。

如两个深浅不同的基坑同时挖土时,土方开挖宜先从较深基坑开始,待较深基坑底板浇筑后,再开挖较浅基坑的土方。

如基坑底部有局部加深的电梯井、水池等,如深度较大宜先对其边坡进行加固处理后再进行开挖。

2)桩基础施工

桩基础工程施工与护坡桩相同。

3)垫层施工

垫层施工前对土方开挖的标高和宽度进行复核,保证有足够的工作面,并严格控制中心轴线和基坑(槽)两侧直线,用小竹尖或铁枝做好高度标记,严格控制厚度,保证平面平整、密实。分段施工时应作好接头处理,垫层捣实采用机械振实、夯压等方法进行。

4)基础防水层

基础防水工程目前常用的是外防水和混凝土自防水两种,且以前一种最常见。在有边坡护坡桩的基础工程中,基础外墙防水一般采用外防内贴法施工,即将防水层粘贴于防水保护墙上,验收合格后做水泥砂浆保护层,然后进行基础工程施工。

5)基础工程施工

钢筋混凝土基础虽然形态各异,但其共同点是所用材料相同,主要施工工艺为:放线、支模板、绑扎钢筋、浇混凝土。

如图2.7所示为兼作地下室箱形基础施工工艺流程。

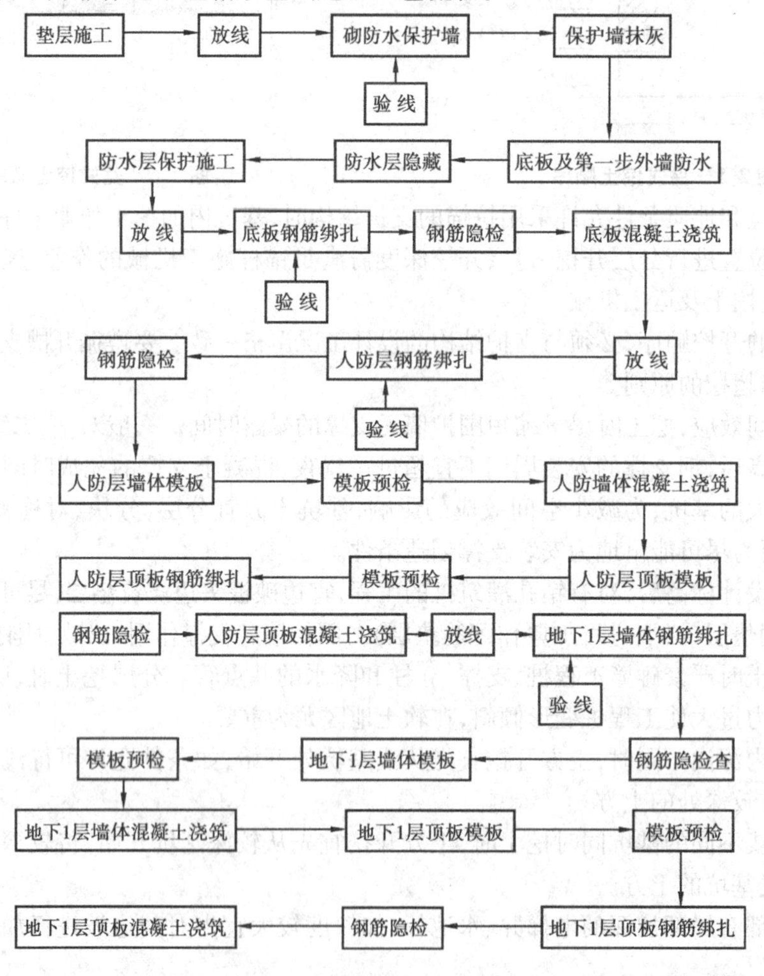

图2.7 基础工程施工工艺流程

箱形基础或筏板基础,多有厚度较大的混凝土底板,还常有深梁,高层建筑的桩基常有厚大的承台,都是体积较大的混凝土。大体积混凝土基础结构的施工方法根据基础形式而定,但都包括钢筋、模板和混凝土3部分。

(1)钢筋工程

大体积混凝土结构由于厚度大,多有上、下双层钢筋。为保证上层钢筋的标高和位置准确无误,应设立钢筋支架支撑上层钢筋。钢筋支架可由粗钢筋或型钢制作。

为使钢筋网片的钢筋网格方整划一、间距正确,在进行钢筋绑扎或焊接时,宜采用定位装置。

粗钢筋的连接,可采用焊接、螺纹连接和套筒挤压连接。

(2)模板工程

箱形基础的底板模板,多将组合模板按照模板配板设计组装成大块模板进行安装,不足处以异形模板补充。有的工程基础底板边线距离支护桩太近,难以支设模板,因此侧模用砌砖代替,因后期无法检查混凝土浇筑质量,所以事先要与有关质量检查部门联系并取得许可。

(3)混凝土工程

混凝土浇捣时应合理分段分层进行,每层厚约 30 cm,分层的接头时间间隔不超过 2 h(图 2.8)。施工中交接的竖向临时结合的缝,要互相错开。该类混凝土浇筑时最好采用商品混凝土、泵送供料。施工应连续进行,不应留施工缝,否则易造成渗漏的隐患。

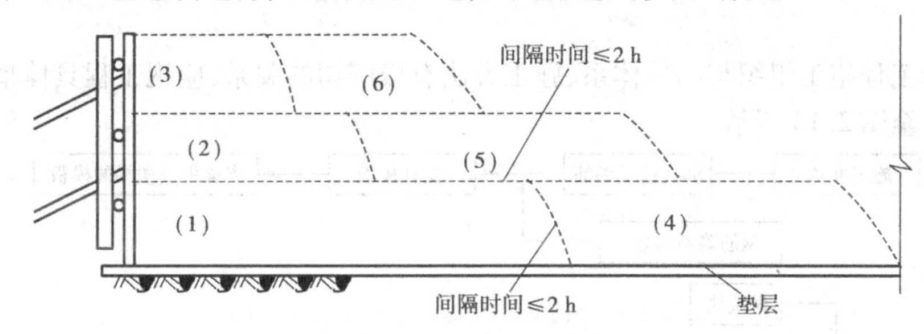

图 2.8 分段分层浇捣

由于泵送混凝土的流动性大,如基础厚度不大,多斜面分层循序推进,一次到顶(图 2.9)。

混凝土的振捣也要适应斜面分层浇筑工艺,一般在每个斜面层的上、下各布置一道振动器。上面的一道布置在混凝土卸料处,保证上部混凝土的振实。下面一道振动器布置在近坡脚处,保证下部混凝土密实。随着混凝土浇筑的向前推进,振动器也相应跟上。

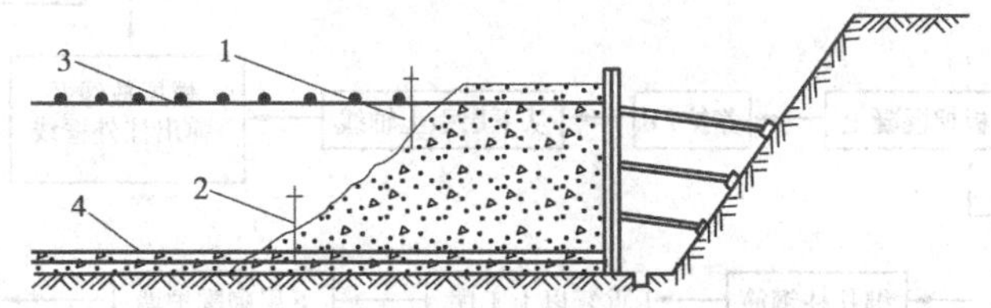

图 2.9 混凝土浇筑与振捣方式示意图

1—上一道振动器;2—下一道振动器;3—上层钢筋网;4—下层钢筋网

大流动性混凝土在浇筑和振捣过程中,上涌的泌水和浮浆顺混凝土坡面流到坑底,混凝土垫层在施工时预先留有一定坡度,可使大部分泌水顺垫层坡度通过侧模底部预留孔排出坑外。少量来不及排除的泌水随着混凝土向前浇筑推进而被赶至基坑顶部,由模板顶部的预留孔排出。

当混凝土大坡面的坡脚接近顶端模板时,改变混凝土浇筑方向,即从顶端往回浇筑,与原斜坡相交形成一个集水坑,用软轴泵及时排除。采用这种方法基本上排除了最后阶段的所有泌水(图 2.10)。

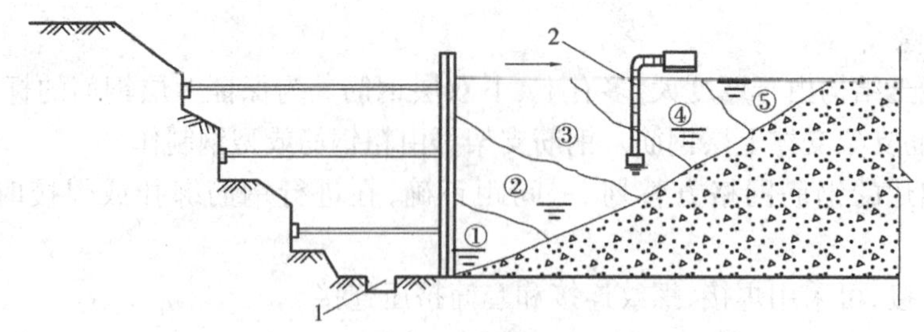

图 2.10 泌水排除与顶端混凝土浇筑方向

①②…⑤表示分层浇筑流程，箭头表示顶端混凝土浇筑方向

1—排水沟；2—软轴抽水机

大体积混凝土的表面水泥浆较厚，在浇筑后要进行处理。一般先初步按设计标高用长刮尺刮平，然后在初凝前用铁滚筒碾压数遍，再用木蟹打磨压实，以闭合收水裂缝，经 12 h 左右再用塑料薄膜和草袋覆盖充分浇水湿润养护。

2.3.2 主体结构工程施工组织

主体结构工程施工组织与结构体系、施工方法有极密切的关系，应视工程具体情况，合理选择，如图 2.11 至图 2.13 所示。

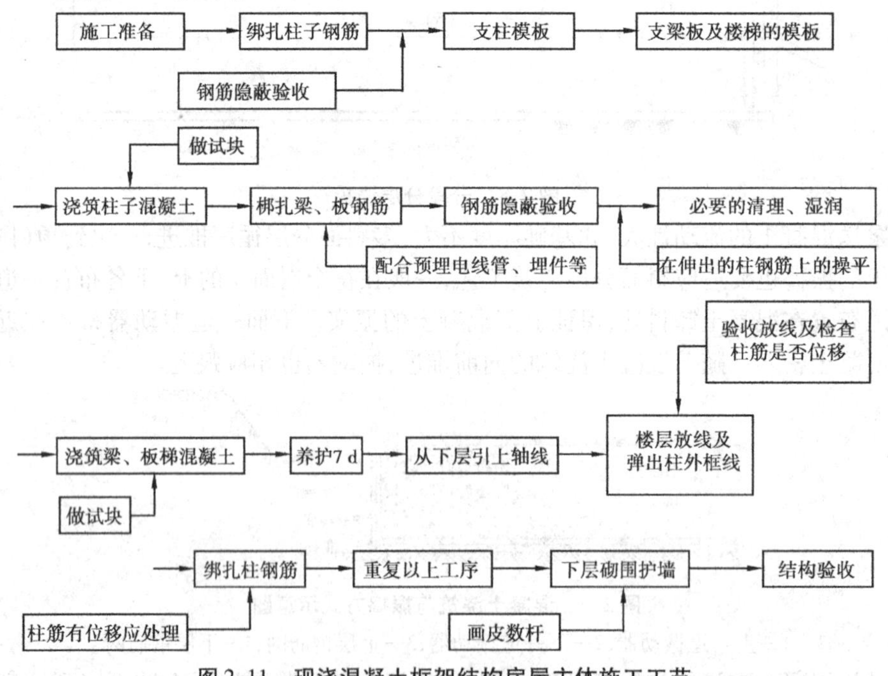

图 2.11 现浇混凝土框架结构房屋主体施工工艺

现浇钢筋混凝土框架结构，是目前应用最广泛的一种建筑形式，其工种工程的施工方法和要求在现浇钢筋混凝土结构工程中有一定代表性，下面将介绍该种结构形式工程施工组织工作。

钢筋混凝土框架结构的施工，在基础完成后，一般由房屋的 ±0.000 标高线往上进行。从柱子钢筋的绑扎到柱子模板支设这个工序开始，直到混凝土梁、板浇筑完毕为止，其每层施工工艺如图 2.11 所示。

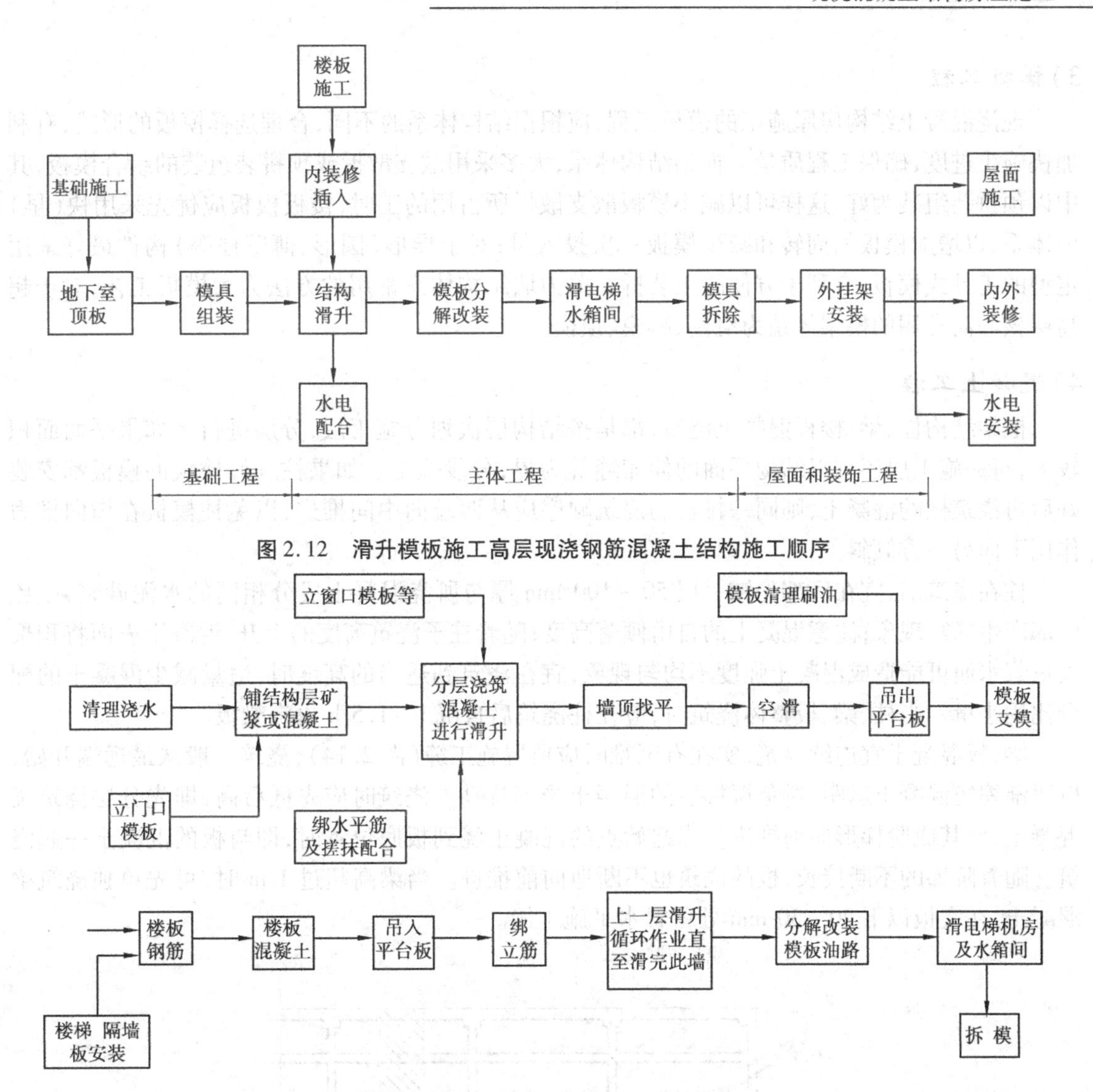

图 2.12 滑升模板施工高层现浇钢筋混凝土结构施工顺序

图 2.13 主体结构工程滑模施工顺序示意图

1)施工准备

框架结构的施工准备和砌体结构一样包括技术准备、施工现场准备和材料机具准备。

技术准备主要有图纸学习和审核;对支模板、绑钢筋、浇筑混凝土等工序,根据施工组织设计,写出具体实施方案;准备相应的技术交底,提出各工项需要的材料数量和进场日期等。

施工现场准备工作包括复核基础工程质量,检查基础顶面标高、轴线,确定楼层传递基准轴线。模板、钢筋已进场,混凝土来源已确定。

2)钢筋工程

现浇混凝土结构房屋施工的钢筋工程,是施工中的关健部分之一,除应严格按照现行《混凝土结构施工及验收规范》和有关标准的规定执行外,在钢筋的连接技术方面,应选用经济适用的连接工艺。

3)模板工程

现浇混凝土结构房屋施工的模板工程,应根据结构体系的不同,合理选择模板的形式,有利加快施工进度,确保工程质量。框架结构体系,大多采用散支散拆或预拼装组装的组合模板,其中以预拼装组装为好,这样可以减小模板散支散拆所占用的工时,楼板模板应优先采用快(早)拆体系,以增加模板的周转和减少模板一次投入量;对于异形(圆形、薄壁柱等)构件最好采用定型的工具式模板,有利于方便施工装拆。剪力墙结构体系常用的方法为大模板工艺,对于超高层核心筒常用的模架体系为滑模、爬模、顶模。

4)混凝土工程

框架结构柱、梁、楼板混凝土浇筑,都是按结构层次划分施工层,分层进行。如果平面面积较大,每一施工层还宜以结构平面的伸缩缝等为界,分段施工。如果柱、梁、楼板的模板都安装好后再浇筑柱的混凝土,则同一排柱的浇筑顺序应从两端向中间推进,以免柱模板在横向推力作用下向另一方倾斜。

柱在浇筑前,宜在底部先铺一层50~100 mm厚与所浇混凝土成分相同的水泥砂浆,以免底部产生蜂窝现象;注意混凝土的自由倾落高度;随着柱子浇筑高度的上升,混凝土表面将积聚大量浆水而可能造成混凝土强度不均匀现象,宜在浇筑到适当的高度时,适量减少混凝土的配合比用水量。当柱、梁、板整体浇筑时,应在柱浇筑后自沉1~1.5 h再浇梁板。

梁、板混凝土宜连续浇筑,实在有困难时应留置施工缝(图2.14),浇筑一般从最远端开始,以逐渐缩短混凝土运距,避免振捣后的混凝土受到扰动。浇筑时应先低后高,即先分层浇筑梁混凝土,使其成阶梯形向前推进。当起始点的混凝土浇到板底位置时,即与板的混凝土一起浇筑。随着阶梯的不断接长,板的浇筑也不断地向前推进。当梁高超过1 m时,可先单独浇筑梁混凝土,在底板以下20~30 mm处留置水平施工缝。

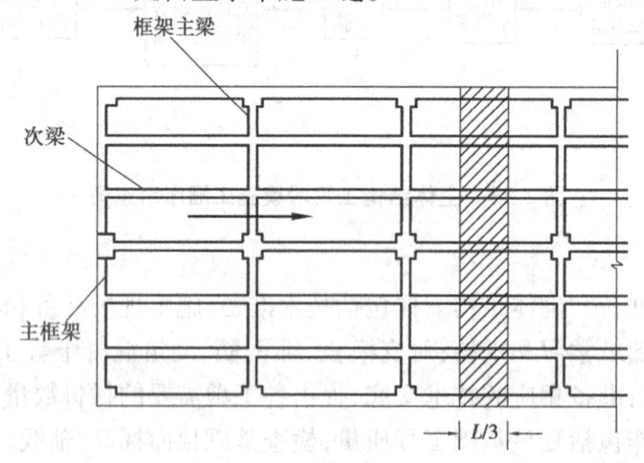

图2.14 施工缝留设位置

楼梯随踏步一步一步浇捣密实,施工缝一般留在上层的第二或第三步的地方。

5)填充墙砌体施工

在框架结构的建筑中,墙体一般只起围护与分隔的作用,常用质量轻、保温性能好的烧结空心砖或小型空心砌块砌筑。填充墙砌体应在主体结构施工完毕,并经有关部门验收合格后进行。

填充墙砌体施工工艺如下：施工准备→墙体位置放线、验线→画出门窗洞口位置→在框架柱上画出皮数杆→检查柱、墙上的预留拉结钢筋→找平第一皮砖的基层→对照皮数杆砌端头墙体→拉线砌中间部分墙体→砌到顶部时砌斜砖与框架梁顶紧→完成一开间墙体→进行另一开间砌筑，直至完成每层填充墙的施工。

填充墙体的砌筑，每个柱间划分为一个砌筑单元。砌筑时应先摆砖，使柱间墙体的咬槎组砌达到错缝要求。然后在两端柱边砌斜槎到一定高度后拉通线砌中间墙体，直至到上层梁底约20 cm 处停止砌水平砖或砌块，改用实心砖斜砌挤紧。

6）垂直运输体系的选择及使用

现浇钢筋混凝土结构施工，施工过程中需要进行运输的主要是模板（滑模、爬模除外）、钢筋和混凝土，另外还有墙体、装饰材料以及施工及施工人员的上下，施工速度在一定程度上取决于施工所需物料的垂直运输速度。因此，起重运输机械的正确选择和使用非常重要。

墙体材料和楼盖模板、钢筋等运输主要利用塔式起重机，由于其起重臂长度大，模板的拼装、拆除方便，钢筋或钢筋骨架也可直接运至施工处，效率较高。对于高度较低的现浇钢筋混凝土结构，或对于中、小城市一些缺乏大型起重运输设备的施工企业，也可利用简易塔式起重机或井架起重机上附装的拔杆进行模板、钢筋的吊运。

现浇钢筋混凝土结构中，混凝土数量巨大，混凝土的运输可用塔式起重机和料斗、混凝土泵、快速提升机、井架起重机，其中以混凝土泵的运输速度最快，可连续运输，而且可直接进行浇筑，如加用布料机则浇筑范围更大。

现浇钢筋混凝土高层建筑施工过程中，施工人员的上下主要利用人货两用的施工电梯。尺寸不大的非承重墙体材料和装饰材料的运输，可用施工电梯、井架起重机、快速提升机等。

基于上述分析，现浇钢筋混凝土结构施工时，起重运输体系可按下列情况进行组合：

塔式起重机＋施工电梯

塔式起重机＋混凝土泵＋施工电梯

塔式起重机＋快速提升机（或井架起重机）＋施工电梯

井架起重机＋施工电梯

井架起重机＋快速提升机＋施工电梯

上述各种起重运输体系组合，在一定条件下技术方面皆能满足施工过程中运输需要，在选择时按运输能力能满足规定工期的要求、机械费用低、综合经济效益好的原则考虑。

目前，我国大中城市高层建筑施工时选用的起重运输机械的现状及发展趋势来看，采用塔式起重机加混凝土泵加施工电梯方案的越来越多，国外情况也类似。

塔式起重机是目前全现浇钢筋混凝土结构施工最常用的施工机械，施工中的各种物料运输绝大部分要依赖于它，必须保证塔式起重机正常、安全、高效地工作。

（1）塔式起重机的安装和锚固

塔式起重机由于其体形庞大、自重大，需要牢固的基础。应在摸清塔位地下物及土质的前提下，按施工组织设计和立塔方案的要求，做好基础。

（2）塔式起重机的电源及安全防护

塔式起重机用电量较大，且常需满负荷运行，故其电源的容量必须足够大且应送至塔侧。为塔式起重机送电的电源箱，应设有防雨、防砸的保护措施，以免出现问题影响正常使用。塔式起重机的电源必须专用，不得与其他设备混用。另外塔式起重机还要做好防雷、防漏电等防护措施,在其运转过程中,对其作用半径内的建筑(含临时性建筑)、设施和人员也要采取相应的防护措施。

(3)塔式起重机的工作协调

应按照施工组织设计和施工进度计划的安排,结合施工实际进展情况,安排塔式起重机的每日工作班次及每班组各时间段内的工作内容。

7)脚手架

现浇钢筋混凝土结构施工的脚手架主要包括结构施工内满堂支撑架、结构施工外架、装修施工外架、装修施工内架等,结构施工内满堂支撑架通常采用扣件式或碗扣式钢管脚手架;结构施工外架根据建筑高度通常可采用落地式脚手架、悬挑式脚手架、升降式脚手架,主要兼作结构、装修和防护之用;装修施工内架通常采用普通钢管脚手架或可移动的工具式脚手架。

2.3.3 建筑屋面工程施工组织

屋面工程的施工顺序与砌体结构房屋面工程基本相同。

屋面工程的施工,应根据屋面的设计要求逐层进行。例如,柔性屋面的施工顺序按照隔汽层→保温层→隔汽层→柔性防水层→隔热保护层的顺序依次进行。刚性屋面按照找平层→保温层→找平层→刚性防水层→隔热层的施工顺序依次进行,其中细石防水层、分仓缝施工应在主体结构完成后尽快完成,为顺利进行室内装修创造条件。为了保证屋面工程质量,防止屋面渗漏,屋面防水在南方既做刚性防水层,又做柔性防水层。屋面工程施工一般情况下不划分流水段,它可以和装修工程搭接施工。

2.3.4 建筑装饰装修工程施工组织

装饰工程的分项工程及施工顺序,因工程具体情况不同而差异较为明显,其施工组织同砌体结构房屋相同。

2.3.5 其他专项工程施工组织

①采用四新(新结构、新工艺、新材料、新技术)的项目及高耸、大跨、重型构件,水下、深基、软弱地基、冬期施工等项目,均应单独编制施工方案,内容应包括:施工方法,工艺流程、平立剖示意图,技术要求,质量安全注意事项,施工进度,劳动组织、材料构件及机械设备需要量等。

②对于大型土石方、打桩、构件吊装等项目,一般均需单独提出施工方法和技术组织措施。

2.4 现浇混凝土结构房屋施工质量验收

2.4.1 现浇混凝土结构房屋施工质量验收一般程序

现浇混凝土结构房屋施工质量验收一般程序同砌体结构房屋。

2.4.2 现浇混凝土结构房屋施工质量验收主要工作

1）*材料验收*

工程所有进场物资的规格、品种、数量、质量标准、出厂时间、试验结果等各项指标必须进行验收。对于施工过程中各工序、半成品与成品的质量开展检验和试验工作，未经检验的工序不得进入下道工序施工。各检验批、分项工程、分部（子分部）工程和单位（子单位）工程按国家《建筑工程施工质量验收统一标准》（GB 50300—2001）规定进行检验和验收。

2）*模板、钢筋和混凝土工程施工质量检验*

模板、钢筋和混凝土工程施工质量检验应按主控项目、一般项目按规定的检验方法进行检验。检验批合格质量应符合下列规定：主控项目和一般项目的质量经抽样检验合格，当采用计数检验时，除有专门要求外，一般项目的合格率应达到80%及以上，且不得有严重缺陷；具有完整的施工操作依据和质量验收记录。

在浇筑混凝土之前，应对模板工程进行验收。模板及其支架应具有足够的承载能力、刚度和稳定性，能可靠承受浇筑混凝土的重量、侧压力以及施工荷载。接缝严密、预埋件、预留孔洞不得遗漏，模板安装的偏差应符合规范要求。

钢筋工程属于隐蔽工程，在浇筑混凝土前应对钢筋及预埋件进行隐蔽工程验收，并按规定做好隐蔽工程记录。其内容包括：纵向受力钢筋品种、规格、数量、位置；连接方式、接头位置、搭接长度、接头面积百分率是否符合规定；箍筋、横向钢筋的品种、规格、数量、间距等；预埋件的规格、数量、位置等。绑扎、焊接牢固程度和锈污等，以及相关的质量保证资料。

混凝土工程验收内容主要包括：混凝土强度、混凝土外观、现浇结构拆模后的尺寸偏差；对有抗渗要求的混凝土结构还要进行抗渗性能检测。

2.5 现浇混凝土结构房屋施工实例

2.5.1 工程概况

某行政中心项目总建筑面积为57 482 m^2，建筑层数地上7层、地下1层，局部地上5层，地下1层；建筑高度28.6 m，地下室埋置深度4.5 m。工程为旋挖钻孔灌注桩桩筏基础，上部结构为框架剪力墙结构。

2.5.2 施工总体部署

1）*施工区段的划分*

根据工程特点，工程划分为6个工区，平行施工，各区内的不同结构分区之间合理组织流水。第一至第五工区为主要控制工区，第六工区考虑到施工队伍偏少，该工区进行调节施工，即第一至五工区首先完成的队伍进行该区施工或另行组织劳动力进行施工。施工工区划分如图2.15所示。

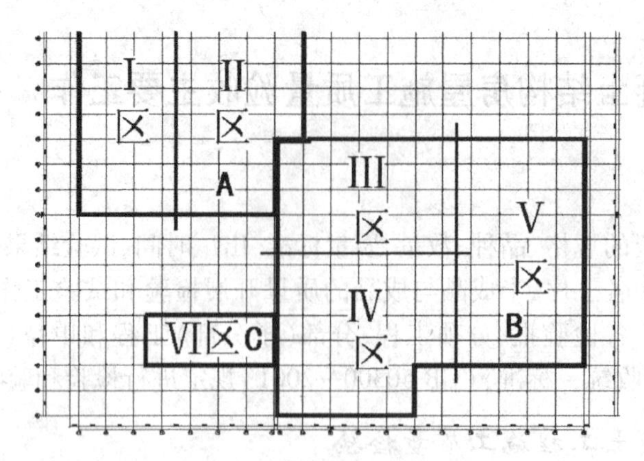

图 2.15　施工区段的划分

2）分区施工工艺流程

根据该建筑的结构特点，由西向东平行施工，A 区先施工 A-Ⅰ，再流水至 A-Ⅱ，B 区先施工 B-Ⅴ，接着流水至 B-Ⅳ、B-Ⅲ。具体施工工艺流程如图 2.16 所示。

2.5.3　施工准备

1）施工技术及现场准备

工程开工前，作好施工前的技术准备工作，具体内容见表 2.1。

表 2.1　施工技术及现场准备表

序号	技术准备工作内容	现场准备工作内容
1	设计交底及图纸会审	现场红线、控制点等交接
2	规范、标准、图集收集	现场临建施工
3	施工记录管理方案	测量定位及控制桩
4	测量方案	施工道路施工
5	临建方案	施工临时用电布置
6	施工用电设计方案	施工人员进场组织
7	施工组织设计	施工后勤组织
8	测量设备及器具计划	场地标高和地形测定
9	混凝土试配	场地及周边条件协调
10	加工订货计划	现场通信等组织
11	对业主的要求	
12	施工方案计划	
13	样板项、样板间计划	
14	施工图深化设计计划	

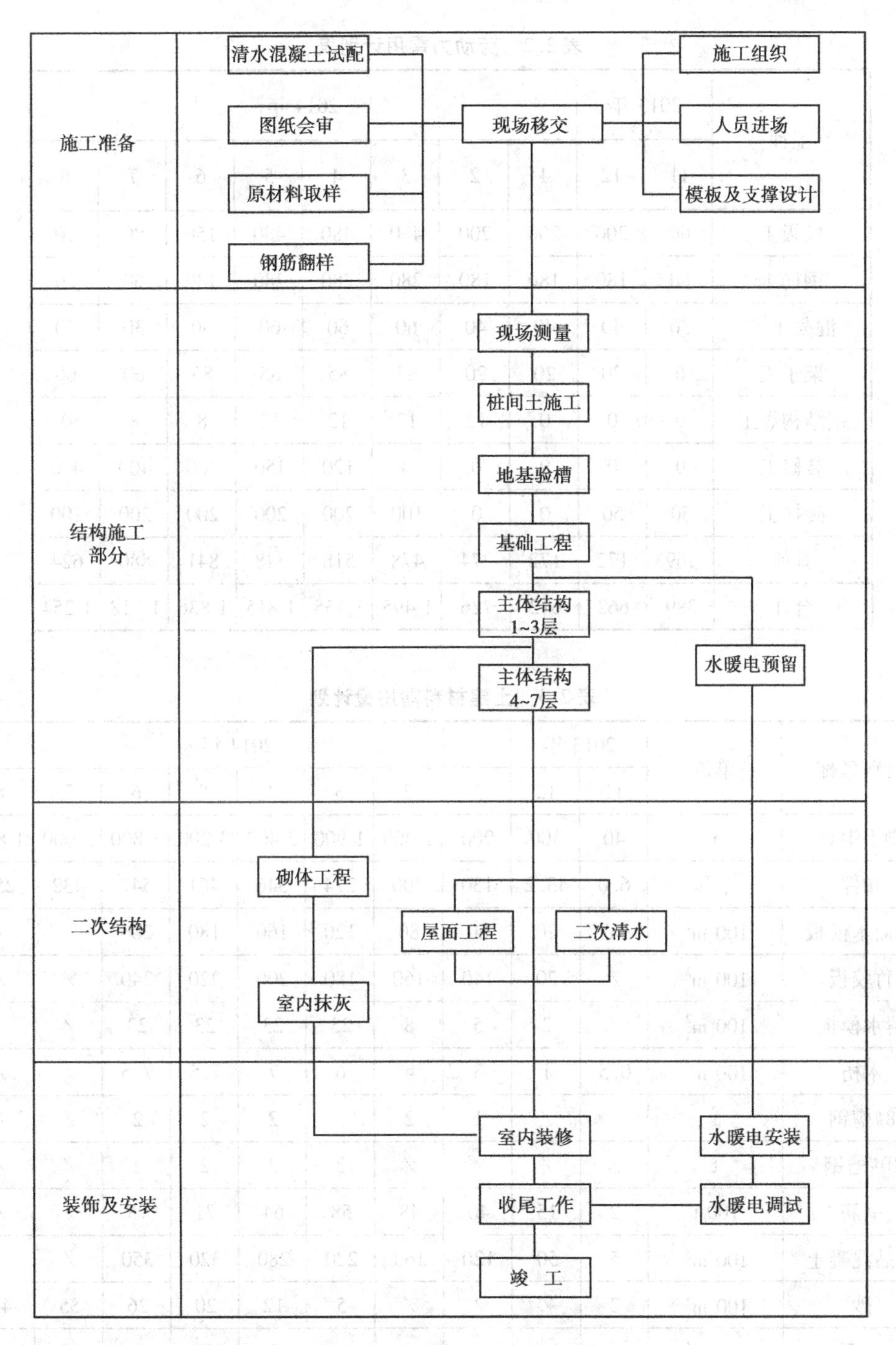

图2.16　施工工艺流程图

2）各种资源准备

劳动力需用计划及土建材料需用量计划、机械设备准备及进场计划分别见表2.2、表2.3和表2.4。

表 2.2 劳动力需用计划表

工种	2013年		2014年							
	11	12	1	2	3	4	5	6	7	8
模板工	60	200	200	200	480	480	480	150	80	20
钢筋工	80	180	180	180	280	280	280	130	60	20
混凝土工	30	40	40	40	60	60	60	30	30	30
架子工	0	20	20	20	85	85	85	85	60	60
钢结构焊工	0	0	0	12	12	12	12	8	8	0
装修工	0	0	0	0	0	120	150	400	400	400
砖抹工	50	50	0	0	100	200	200	200	200	100
其他	169	172	172	274	478	518	548	841	880	624
合计	389	662	612	726	1 495	1 755	1 815	1 836	1 718	1 254

表 2.3 土建材料需用量计划

材料名称	单位	2013年		2014年							
		11	12	1	2	3	4	5	6	7	8
脚手钢管	t	40	300	900	1 400	1 900	2 400	3 200	3 800	3 000	1 800
扣件	千颗	6.0	43.2	130	200	274	346	461	547	432	259
镜面木模板	100 m^2	10	20	60	80	120	160	180	200	/	/
竹胶板	100 m^2	/	20	140	160	180	200	220	240	/	/
清水模板	100 m^2	/	2	5	8	23	23	23	23	/	/
木枋	100 m^3	0.5	1	3	4	6	7	7.5	7.5	/	/
8#槽钢	t	/	/	1	2	2	2	2	2	/	/
10#槽钢	t	/	/	/	/	2	2	2	2	/	/
钢筋	100 t	2	15	40	48	58	64	71	75	/	/
商品混凝土	100 m^3	5	50	120	160	220	280	320	350	/	/
砂	100 m^3	2	/	/	/	5	12	20	26	35	42
砾石	100 m^3	/	/	/	/	/	3	7	11	13	/
多孔砖	千块	/	/	/	/	100	260	400	590	770	/
型钢	t	/	22	40	58	86	290	320	/	/	/
轻质隔墙	100 m^2	/	/	/	/	/	/	30	80	110	/

表 2.4　机械设备准备及进场计划

序号	设备名称	规格型号	额定功率(kW)或容量(m^3)吨位(t)	品牌及出厂时间	数量(台)
1	塔式起重机	TC6013	31.5	江汉,2011.1	5
2	井架	SCW100	4	陕西武功建机,2011.1	2
3	施工电梯	SCD200/200	11	江汉,2012.11	3
4	混凝土输送泵	HBT60A	90	中联,2011.1	2
5	混凝土汽车泵	42 m 臂长	110	中联,2012.1	2
6	混凝土布料机	R-15	24	中联,2011.1	2
7	砂浆搅拌机	350 型	22.5	陕西建机,2011.7	8
8	混凝土振动棒	$\phi=40$ mm	3		50
9	钢筋对焊机	UN-100	100	黑虎建机,2010.2	1
10	钢筋切断机	GJ40-1	4	渭南建机,2011.3	8
11	钢筋弯曲机	GW-40-1	4	渭南建机,2011.3	8
12	钢筋调直机	GT3-9	7.5	渭南建机,2011.3	4
13	木工锯床	MT500	3	山东木工机械,2011.9	4
14	交流电焊机	BX1-300	24	阿房电焊机,2012.6	3
15	木工压刨	MB104-1	3	山东木工机械,2011.9	6
16	钢筋连接设备	直螺纹	7		4
17	高压水泵	扬程 50 m		上海水泵,2011.1	8
18	太阳灯		3		12
19	柴油发电机	150 kW			2
20	装载机	ZL40B			1
21	运输汽车		8 t	东风,2011.7	4
22	汽车吊		50 t	东风,2012.7	2
23	反铲挖掘机		1.3 m^3		1
24	压路机		12 t		2

2.5.4　施工进度计划

工程预计 2013 年 11 月 11 日开工,计划总工期 300 d,于 2014 年 9 月 9 日完成全部工程施工,施工进度计划见表 2.5。

表 2.5　施工进度计划

序号	日期	工期里程碑	工期(d)
1	2013 年 11 月 11 日	开始基础施工	0
2	2014 年 2 月 15 日	地下室结构封顶	96
3	2014 年 3 月 25 日	插入砌筑、安装工程施工	134
4	2014 年 6 月 15 日	主体结构封顶	216
5	2013 年 5 月 10 日	插入室内装饰工程施工	/
6	2014 年 7 月 10 日	屋面工程完工	47
7	2014 年 8 月 3 日	砌筑及抹灰完工	71
8	2014 年 9 月 2 日	幕墙及氟碳喷涂完工	26
9	2014 年 9 月 6 日	室内装饰工程完工	73
10	2014 年 9 月 6 日	完成设备安装调试	30

2.5.5　施工总平面图

为最大限度地减少和避免对周边环境的影响，搞好防火、防盗、防污染工作，搞好安全生产和文明施工，并在此前提下合理进行施工作业区、材料堆放区、施工办公生活设施区（租赁）的布置，以满足施工要求，具体布置如下：

(1)现场出入口及围墙

在现场的东南侧设置现场主入口大门，作为材料设备及人员的进出主入口大门。大门按照公司的 CI 标准进行设置，除东侧外现场均有建设单位围墙，东侧围墙按照公司 CI 标准进行设置。

(2)现场道路及排水

进场后对现场施工区域主要道路及材料堆场进行硬化处理，现场主道路采用 150 mm 厚 C15 混凝土浇筑而成，局部采用 100 mm 厚沥青混凝土浇筑。通向大门的主干运输要道宽 6 m，保证车辆顺利到达各材料堆放地，其他辅道宽度为 4 m。在施工场地大门入口处设置洗车槽，对进出场的车辆轮胎夹带物进行清洗干净以减少扬尘污染。

施工现场的各类排水经过处理，达标后排入城市排水管网。沿临时设施、建筑四周及施工道路设置排水明沟，并做好排水坡度，施工污水经过沉淀处理后排入市政管线。生产用水经过沉淀，厕所的排污经过三级化粪处理。

(3)现场机械、设备布置

现场设置 5 台塔吊，按各区的作业队和各区段的施工安排进行划分，各区配备塔吊如下：在现场的 A 区配置 2 台 QTZ63 塔吊，Ⅳ 区设置 2 台 QTZ63 塔吊，在中间的凹槽区内设置一台 QTZ63 塔吊。

(4)现场材料加工、堆放场地

各区设置各区的材料加工和堆放场地，场地内设钢筋房、木工房、钢筋原材堆场、钢筋成品堆场、直螺纹加工场地、闪光对焊场地、周转架料堆场等。

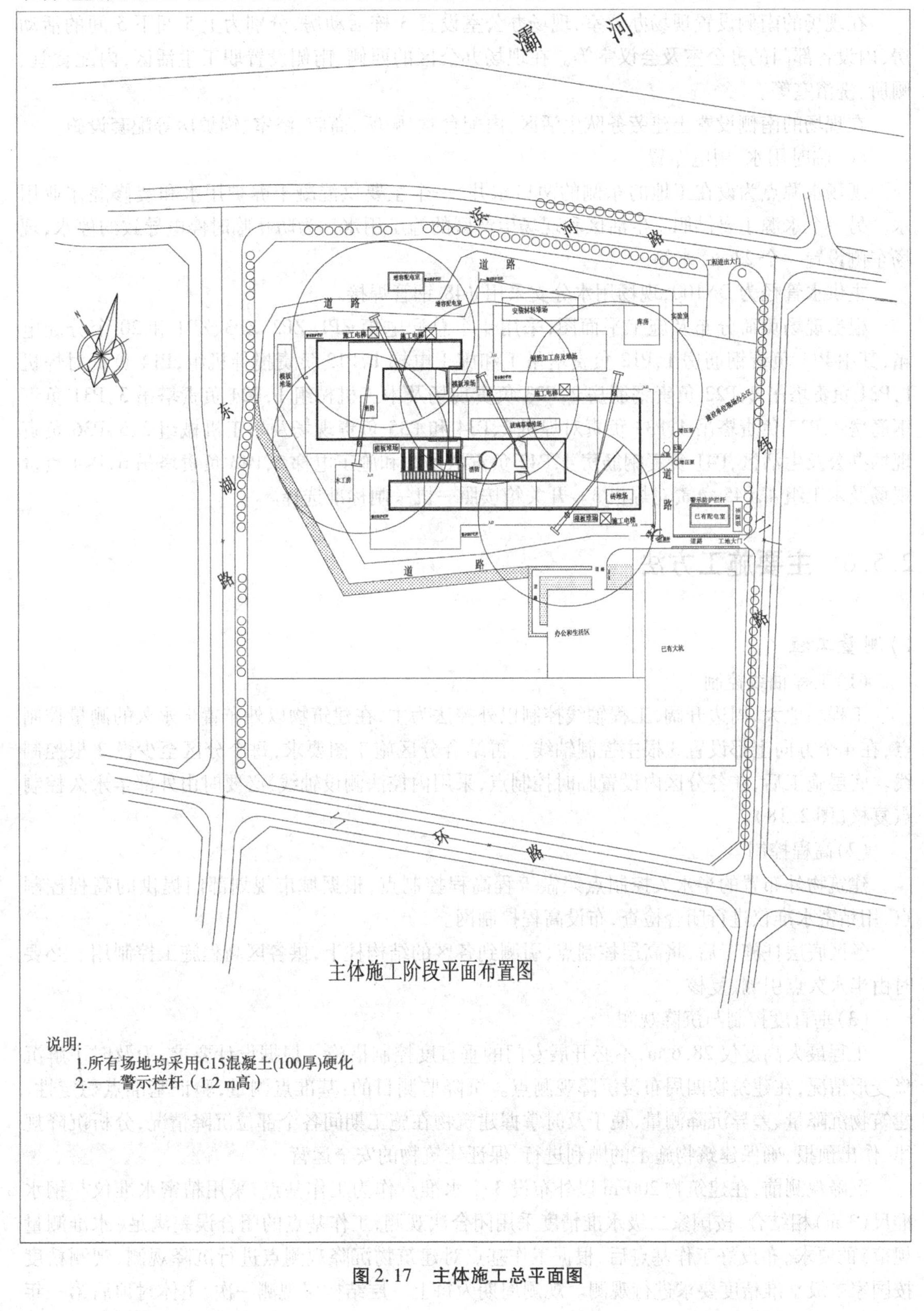

图 2.17 主体施工总平面图

(5)现场办公室、生活区

在现场的南侧设置现场办公室,现场办公室设置3栋活动房,分别为上5间下5间的活动房,内设各部门的办公室及会议室等。在现场办公区的西侧、南侧设置职工生活区,内配食堂、厕所、洗浴室等。

在现场的南侧设置土建劳务队生活区,内配食堂、厕所、商店、浴室、锅炉房等配套设施。

(6)临时用水、用电布置

现场水源点为设在工地的东侧的两口水井,一个主要供混凝土养护用水和装修湿作业用水。另一个水源主要供职工生活区和现场生产区的施工用水。为防止临时停电导致的停水,现场东侧设置一个27 m^3 水箱。

主供水管径为DN100,现场用水分支采用ϕ48 钢管焊接。

根据现场负荷分布及施工平面图,采用4个总配电柜ZP1、ZP2、ZP3、ZP4和20个分配电箱,其中P11负责钢筋房1,P12负责塔吊1和施工电梯1,P13负责搅拌机组,P14负责对焊机1,P21负责塔吊2,P22负责钢筋房2,P23负责现场及木工机械组1,P24负责塔吊3,P31负责钢筋房3,P32负责塔吊4,P33负责对焊机2,P34和P35负责现场及木工机械组2、3,P36负责现场办公及生活区,P41负责钢筋房4,P42负责塔吊5和施工电梯2,P43负责塔吊6,P44负责现场及木工组4,P45负责对焊机3。开关箱按照一机一闸标准选择。

2.5.6 主要施工方法

1)测量工程

(1)工程轴线控制

工程场地大,周边开阔,工程轴线控制以外控法为主,在建筑物以外布置半永久的测量控制点,在4个方向上都设置3根主控制轴线。再结合分区施工图要求,每个分区至少设2根控制线。底层施工后,在各分区内设置临时控制点,采用内控法测设轴线,必要时由外部半永久控制点复核(图2.18)。

(2)高程控制

建筑物外布置的半永久控制点兼做工程高程控制点,根据城市规划部门提供的高程控制点,用精密水准仪进行闭合检查,布设高程控制网。

各区底层柱施工后,将高层控制点,引测到各区的结构柱上,供各区高程施工控制用。必要时由半永久点引测、复核。

(3)垂直度控制与沉降观测

工程最大高度仅28.6 m,不必开展专门的垂直度控制措施。根据设计要求,为及时了解沉降变形情况,在建筑物四周布设沉降观测点。沉降监测目的:基准点测量,验证基准点稳定性。建筑物沉降量、差异沉降测量,便于及时掌握建筑物在施工期间各个部位沉降情况,分析沉降规律、作出预报、确保建筑物施工的顺利进行,保证建筑物的安全运营。

沉降观测前,在建筑物200 m以外布设3个水准点作为工作基点,采用精密水准仪与钢水准尺(3 m)相结合,按国家二级水准精度采用闭合法观测,工作基点的闭合误差满足《水准测量规范》的要求,布设好工作基点后,根据工作基点对建筑物沉降观测点进行沉降观测,观测精度按国家二级水准精度要求进行观测。观测周期为每上一层结构层观测一次,主体封顶后第一年

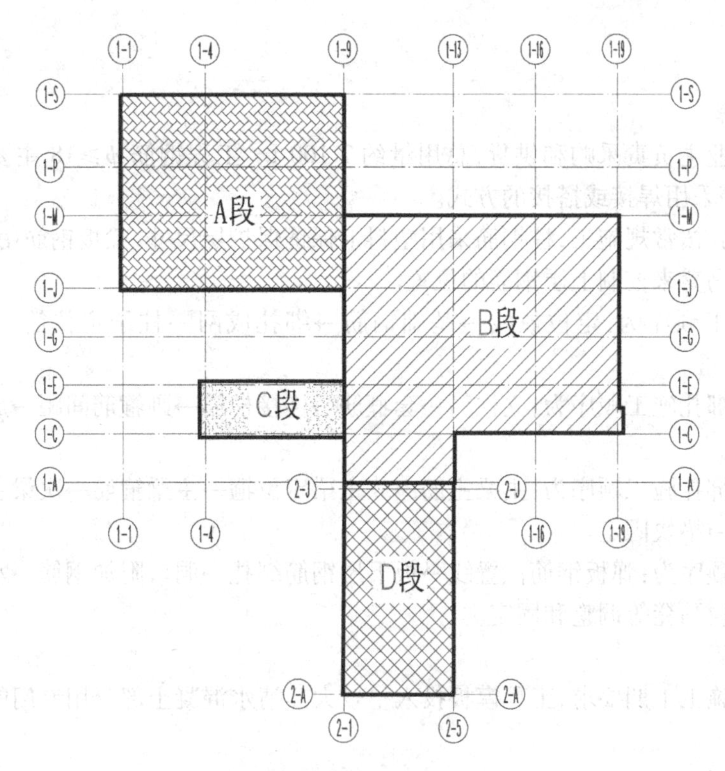

图 2.18 测量控制网平面图

每季度一次，第二年每半年一次，第三年每年一次，直至沉降稳定为止。每次观测时，应随时记录气象资料，并整理施测数据，编制成果表，作为施工参考资料归档。

2）地下工程

工程 ±0.00 m 标高相当于绝对高程 391.00 m。工程 A、B 区为旋挖钻孔灌注桩桩筏基础，上部结构为框架剪力墙结构。C、D 区采用梁板式筏板基础，地基处理为级配砂石垫层回填。

地下室施工根据进度计划安排分区分批开展，于 2013 年 11 月 9 日开始，施工顺序如下：

工程定位放线→土方开挖、土方清理、桩头破除→验槽→垫层及砖胎膜→底板防水→防水保护层→承台、筏板和基础梁钢筋绑扎及剪力墙插筋→模板工程→承台、筏板和基础梁混凝土浇筑→混凝土养护→搭设满堂脚手架及外架→绑扎柱墙钢筋、铺设梁板底模→绑扎梁钢筋、封墙柱模板→浇筑墙柱混凝土→绑扎顶板钢筋→浇筑顶板混凝土→混凝土养护及越冬维护。

根据甲方提供的基准点用全站仪与水准仪测出本工程的轴线，再用全站仪、水准仪和卷尺放出剪力墙和柱子的边线。

测量放线完毕后开始挖桩间土、破桩头、清理桩渣；基坑钎探完毕后，组织建设单位、监理单位、设计单位、勘察单位、项目相关人员进行地基验槽，并做好记录。

地下结构施工钢筋、模板、混凝土施工方法详见结构工程。

地下室防水等级一级，两道设防。做法为湿铺法自粘聚酯胎改性沥青卷材（3 厚）一道及丙烯酸双组分防水涂料（Ⅱ型）一道。工程的关键部位是桩基础的防水细部处理。

地下室土方回填为三七灰土回填，下部采用人工铺料，人工夯实；上部采用装载机铺料，15 t 振动压路机压实，压路机不能压实的部位采用立式打夯机进行夯实。

3)结构工程

(1)钢筋工程

工程钢筋由业主负责采购和供货,总用量约7 100 t。工程钢筋 $\phi \geqslant 18$ 主要采用直螺纹连接接头,其他钢筋采用焊接或搭接的方式。

钢筋现场绑扎按常规施工,柱钢筋采用塑料卡保证保护层尺寸,梁板钢筋用混凝土垫块,双层板筋采用钢筋马凳来控制上层钢筋的位置。

基础钢筋施工顺序为:定位放线→基础钢筋→绑扎成网→柱子定位筋→柱子插筋→柱箍筋。

框架柱钢筋绑扎施工顺序为:立柱筋→套箍筋→连接柱筋→画箍筋间距→放定位筋→绑扎钢筋→绑扎垫块。

框架梁钢筋绑扎施工顺序为:主梁主筋→放主梁定位箍→主梁箍筋→次梁主筋→放次梁定位箍→次梁箍筋→垫块固定。

板钢筋施工顺序为:弹板钢筋位置线→板下层钢筋绑扎→洞口附加钢筋→水电配管→板上层钢筋绑扎→垫块马凳等调整和固定。

(2)模板工程

为保证工程施工工期要求,工程模板投入量较大。清水混凝土部分用专门的厂家制定的对口模板。

①剪力墙模板

地下室墙体采用15 mm厚1 220 mm×2 440 mm规格高强覆膜多层板,现场组拼大模板,主竖向主龙骨50×100@200,横向主龙骨为外加钢管背楞。模板采用钢管和对拉螺杆进行加固。

在大板接缝处螺栓加密一道以防涨模。板与板拼缝处贴1 mm×5 mm的密封条,保证接缝的严密,两块模板之间的拼缝做成企口形式,并粘贴密封条以防漏浆。

非清水混凝土外墙采用带止水钢板的对拉螺杆。为避免割除螺杆时在墙上留下痕迹影响混凝土效果、防水卷材施工,封模时在螺杆两端穿上15 mm厚40 mm×40 mm楔形木塞,螺杆割除后用高强度等级防水水泥砂浆填坑。螺杆间距600 mm×600 mm,下排距底板(或施工缝处)50 mm。

②框架柱模板

地下室独立柱截面尺寸700 mm×900 mm计36根,截面尺寸700 mm×1 000 mm计9根,截面尺寸700 mm×600 mm计39根,截面尺寸1 300 mm×1 400 mm计3根,截面尺寸1 200 mm×1 000 mm计8根,截面尺寸800 mm×1 000 mm计26根,经考虑出材率决定柱模板采用1 220 mm×2 440 mm×15 mm覆膜多层板。背枋为50 mm×100 mm木枋,与墙相连的柱在配模时与墙模一起配置,柱采用钢管柱箍配合斜向钢管支撑固定。所有柱根部均加垫10 mm厚海绵条以防止混凝土浇筑时因漏浆而导致烂根。

钢管柱箍间距在下部3 000 mm范围内为250 mm,上部间距为400 mm。对拉螺杆间距为600 mm。截面尺寸1 300 mm×1 400 mm的柱采用型钢柱箍加固。型钢柱箍间距下部3 000 mm范围内为250 mm,上部间距为400mm。

③梁、板及楼梯模板

采用钢管扣架支撑体系,面板为15 mm的木胶合板,背枋为50 mm×100 mm木枋。由于板厚一般为120~150 mm,木枋间距采用200~250 mm;钢管背楞间距300 mm。

(3)混凝土工程

工程结构部分混凝土总量约3.6万m^3。混凝土强度等级主要有C10、C15、C30、C40;少量C45膨胀混凝土。后浇带和膨胀带的混凝土要求掺加DS-U膨胀纤维。采用商品混凝土。混凝土振捣基本按常规施工,局部钢筋过密的地方,考虑用自密式混凝土。清水混凝土的浇筑有专项浇筑方案。楼地面混凝土采用一次收光成型技术,严格控制标高和表面平整度。柱混凝土拆模后采用不透水、气的薄膜布养护。梁板混凝土表面也采用薄膜布覆盖养护。

4)装饰工程

(1)砌筑工程

工程地下室除混凝土墙外为240 mm页岩实心砖墙,上部主要隔墙为240 mm或120 mm非承重型空心砖。砌块的品种、强度等级必须符合设计要求,并且规格一致,在订购前提交样本,并获得批准。砖材进场后,必须进行现场取样并送有资质的试验室检验,合格后方能投入使用。在干燥气候下砌筑时,砖必须提前浇水湿润,砖含水率为10%~15%为宜。

砌筑工程在各区应合理安排及时插入施工,特别是应优先保证外墙体砌筑的作业面和资源投入。要分段验收外墙砌筑质量,及时插入外墙保温施工。

砌筑前应制作皮数杆,并在墙体转角处及交接处竖立,皮数杆间距不得超过15 m。砌筑前先拉水平线,在放好墨线的位置上,按排列图从墙体转角或定位砌体处开始砌筑。水平灰缝应平直,砂浆饱满,砂浆饱满度不应低于80%。竖向灰缝应采用加浆方法,使其砂浆饱满,严禁用水冲浆灌缝,不得出现瞎缝、透明缝。

砌筑空心砌块墙体时,墙底部应砌筑普通烧结砖,高度不宜小于150 mm。空心砖墙在窗周边应用普通黏土砖砌筑,以便更好地加固塑钢窗。木门洞口两侧应按要求埋设防腐木砖。

(2)脚手架工程

工程使用架体类型及用途详见表2.6。

表2.6 脚手架类型及要求

序号	架体用途	选用类型
1	结构施工内满堂支撑架	扣件式钢管脚手架
2	结构施工外架	落地双排钢管脚手架
3	装修施工外架	落地双排钢管脚手架
4	装修施工内架	普通钢管脚手架或可移动的工具架

对脚手架搭设位置进行场地清理,夯实基土并铺宽1 500 mm实心黏土砖(或浇筑10 mm厚混凝土垫层)。

脚手架立杆纵距1.5 m,横距1.2 m,大横杆步距1.5 m。上、下两根大横杆之间设一道护身栏杆。在距外架底部20 cm处设置通长扫地杆。

每纵向6步、横向6跨设置一道剪刀撑,沿脚手架外侧及全高方向连续设置,剪刀撑与地面成45°角,剪刀撑夹角为90°;剪刀撑主要采用6 m长钢管,最下面的斜杆与立杆的连接点离地面不应大于500 mm,斜杆接长采用对接扣件,除斜杆两端扣紧外,中应间增加2~4个扣结点,搭接不小于1 000 mm。

脚手架外侧立面1.5 m×6 m绿色密目式安全网进行封闭。用16#铁丝将安全网绑扎在纵向水平杆上。

在铺脚手板的操作层上必须在外排立杆内侧距脚手板面 1 000 mm 处设一道护栏，涂红白油漆，并设 200 mm 高挡脚板。脚手架在边缘每根柱子、每道框架梁处设两根拉结杆与柱拉结。

钢管脚手架的搭设顺序：摆放扫地杆→逐根树立立杆，随即与扫地杆扣紧→装扫地小横杆并与立杆或扫地杆扣紧→安第一步大横杆并与各立杆扣紧→安第一步小横杆→第二步大横杆→第二步小横杆→加设临时斜撑杆→第三、四步大横杆和小横杆→连墙杆→接立杆→加设斜撑→铺脚手板。

脚手架拆除严格遵守拆除顺序，由上而下，后搭者先拆，先搭者后拆。一般先拆栏杆、脚手板、斜撑，而后拆小横杆、大横杆、立杆等。

(3)屋面工程

屋面防水施工应在结构施工完成后进行，即需在结构层验收后插入，屋面的各层做法见表 2.7。

表 2.7　屋面各层做法

序号	编号	类型	基本构造	备注
1	屋 1	卷材防水 现浇混凝土	现浇钢筋混凝土屋面板→1:6陶粒找坡最薄 30 厚→150 厚憎水珍珠岩板→25 厚 1:3水泥砂浆找平层→防水层 SBS 聚酯胎改性沥青防水卷材两遍→60 厚 C25 混凝土结合层→铺设 80 厚毛面花岗岩板	用于餐厅、厨房部分屋面(厚 500)
2	屋 1a	卷材防水 现浇混凝土	现浇钢筋混凝土屋面板→1:6陶粒找坡最薄 30 厚→150 厚憎水珍珠岩板→25 厚 1:3水泥砂浆找平层→防水层 SBS 聚酯胎改性沥青防水卷材两遍→200#石油沥青卷材隔离层→40 厚 C20 细石混凝土→铺设 80 厚陶粒排水层→聚酯无纺布→300 厚种植土	用于餐厅、厨房屋面(厚 500)
3	屋 2	卷材防水 现浇混凝土	现浇钢筋混凝土屋面板(板底做发泡聚苯板保温)→1:6陶粒找坡最薄 30 厚→150 厚憎水珍珠岩板→25 厚 1:3水泥砂浆找平层→防水层 SBS 聚酯胎改性沥青防水卷材两遍→60 厚 C25 混凝土结合层→铺设 80 厚毛面花岗岩板	用于会议区屋面(厚 300)
4	屋 3	卷材防水 现浇混凝土	现浇钢筋混凝土屋面板→50 厚挤塑板保温→1:6 陶粒找坡最薄 30 厚→25 厚 1:3水泥砂浆找平层→防水层 SBS 聚酯胎改性沥青防水卷材两遍→40 厚 C20 细石混凝土→预制清水混凝土板架空屋面	用于咖啡厅屋面及主楼屋面板升起部分
5	屋 4a	卷材防水 现浇混凝土	种植屋面做法同 1a(仅 300 厚种植土改为 250 厚)	用于主楼大屋面
6	屋 4b	卷材防水 现浇混凝土	预制清水混凝土板架空屋面做法同屋面 3	用于预制清水混凝土板架空屋面

续表

序号	编号	类型	基本构造	备注
7	屋4c	挤塑保温 现浇混凝土	现浇钢筋混凝土屋面板→25厚1∶3水泥砂浆找平层→20厚挤塑板保温→25厚1∶3水泥砂浆结合层→40厚彩色缸砖	用于企业办公区中庭玻璃覆盖区域屋面

①50厚聚苯板保温板

铺设50厚聚苯保温板的基层应干燥、平整、干净；块状聚苯板不应破碎、缺棱掉角，铺设时遇有缺棱掉角破碎不齐的，应锯平拼接使用。

干铺聚苯保温板，应紧靠基层表面，铺平、垫稳，相邻两块保温板接缝应相互错开，接缝处应用同类材料碎屑嵌填饱满。

②1∶6水泥陶粒找坡层

施工前必须过筛子，不允许有杂物或粒径大于3 cm的颗粒；陶粒与水泥砂子必须拌合密实，反复用木拍子拍实，直至能露出水泥浆。

③25厚1∶3水泥砂浆找平层

a. 为了避免或减少找平层开裂，找平层留设分格缝，缝宽为20 mm，并嵌填密封材料；分格缝兼作排汽屋面的排汽道时，可适当加宽，并应与保温层连通。分格缝留设在板端缝处，其纵横缝的最大间距不宜大于6 m。同时，屋面面积每36 m^2 设置一个排气孔，一般留设在纵横缝交接处。

b. 水泥砂浆找平层中掺加膨胀剂，以提高找平层密实性，避免或减小因其裂缝而拉裂防水层，铺砂浆前，基层表面应清扫干净并洒水湿润；砂浆铺设按分隔块由远到近、由高到低的程序进行，每分格内一次连续铺成，严格掌握坡度。终凝前，轻轻取出嵌缝条，完工后表面少踩踏，找平层硬化后，用密封材料嵌填分格缝，铺设找平层12 h后，需洒水养护，养护期一般为7 d，经干燥后铺设防水层。

④彩色缸砖面层

a. 工艺流程：基层处理→标高坡度弹线→弹铺砖控制线→铺砖→擦缝→养护。

b. 施工方法。将已施工完毕的结合层上的松散杂物、灰尘清理干净，凸出表面的灰渣等杂物要铲平。根据标高要求，在女儿墙四周弹出所需铺砖的面层坡度线。根据已确定的砖数和缝宽，在基层上弹出铺砖的纵横控制线。铺砖前将砖块浸水湿润，晾干后表面无明水时，方可使用。在基层上洒清水湿润，均匀涂刷素水泥浆（水胶比为0.5），涂刷面积不得过大，铺多少刷多少。

铺砌时，砖的背面抹黏结砂浆，铺砌到已刷好的水泥浆上，砖上楞略高出标高线，找正、找直、找方后，砖上面垫木板，用橡皮锤拍实，由分水线向四周铺砌，做到面砖砂浆饱满、相接紧密、坚实，与套管相接处，用砂轮锯将砖加工成与套管相吻合。

铺完2～3行后，应随时拉线检查缝格的平直度，如超出规定应立即修整，将缝拨直，并用橡皮锤拍实。此项工作应在结合层凝结之前完成。

面层铺贴应在24 h内进行擦缝工作，采用同品种、同强度等级、同颜色的干水泥擦缝，每3 m×6 m留3宽缝，用砂填满扫净。要求接缝平直。

铺完砖24 h后，洒水养护，时间不应少于7 d。

⑤20 厚 1∶3 水泥砂浆保护层

a. 为了避免或减少保护层开裂，保护层留设分格缝，缝宽为 10 mm，缝内填粗砂。水泥砂浆保护层内配 ϕ1 镀锌钢丝网，每块 980 mm × 980 mm 网孔 25 ~ 30 mm。

b. 铺砂浆前，基层表面应清扫干净并洒水湿润；砂浆铺设按分隔块由远到近、由高到低的程序进行，每分格内一次连续铺成，严格掌握坡度。终凝前，轻轻取出嵌缝条，完工后表面少踩踏。铺设找平层 12 h 后，需洒水养护，养护期一般为 7 d。

(4) 门窗工程

门窗工程应与砌筑工程穿插进行。各区优先保证外墙体门窗的安装，除留置的特别通道外，其他外墙体的门窗应在雨季前安装完成。

施工流程为：检查门洞尺寸→放线定位→门、窗框就位→门、窗框与墙体固定→填塞缝隙→装门、窗扇→安装玻璃→安五金配件→(打胶)清理。

①根据设计和现场标高、轴线确定门窗位置，在门窗安装部位弹设控制边线，保证安装好的门窗左右通平，标高统一。

②门窗的连接固定件采用不锈钢件。

③铝合金框体与洞口间的缝隙填塞矿棉或软塑料泡沫，内外均整齐缩入框体内 3 ~ 5 mm，表面用密封胶封闭；安装附件时，先用电钻钻孔，再用自攻螺丝拧入，严禁用铁锤和重物打击；安装后注意成品保护，防止污染面层。

④组合门窗框安装前应按设计要求进行预拼装。预拼装后，按先安通长拼樘料，再安分段拼樘料，最后安基本门窗框的序进行正式安装。

⑤组合窗框间的立柱上下端应各伸入框顶和框底的墙体(或梁)内 25 mm 以上，转角处的主柱伸入深度可在 35 mm 以上。

⑥安装五金配件时，应注意各类五金配件转动或滑动处灵活无卡阻现象，埋头螺丝钉不应高于零件表面。

(5) 幕墙工程

根据设计图纸，工程外装修有大量 LOW-E 中空玻璃隐框幕墙。

幕墙施工工艺流程：主体结构施工中按设计预留预埋连接件→现场测量→按测量结果校验设计图纸→按图纸制作模型样板，制作标准样件以备检测→制作框架元件，校验出厂→安装框架验收→安装玻璃板块→填充泡沫棒并注耐候密封胶→清洁整理→检查验收。

①施工测量：由专业技术人员操作，建立施工控制网，布设三级控制网点；用激光测距仪确定每层水平线，用激光铅垂仪测定幕墙竖龙骨轴线。

②钢连接件连接：幕墙与主体结构连接的钢结构采用三维可调连接件。

③框架元件组合：型材螺栓孔和工艺孔全部按样板加工，框架组合在装配夹具中进行。

④玻璃粘接：玻璃粘接前将表面尘土和污物用洗涤剂(二甲苯或丁酮)擦干净，玻璃面朝上，玻璃四周与构件底部用垫块垫起，并保持一定空隙，然后用胶粘接牢固。

⑤防静电、防火处理：采用镀锌钢板，堵塞防火保温材料，并用密封胶封闭进行防火处理。在框架元件安装时候，每两个楼层用 ϕ8 钢筋连接形成均压环，同时均匀环又相互连接，最后与主体避雷接地线连接。

⑥清洗、保护、保养：施工过程中对构件或玻璃造成污染的粘附物随时清理干净。工程竣工前进行全面清洗一次。建筑幕墙在正常使用时，除正常的定期或不定期检查和维修外，还每隔

5 年进行一次全面检查。隔 30 年，整个幕墙重新进行一次三性试验。

(6)内墙装饰

工程内墙面有抹灰内墙面陶乳胶漆等。对涂料施工有影响的其他土建及水电安装工程均已施工完毕。

工艺流程：基层处理→腻子补孔→磨平→满刮腻子→磨光→满刮第二遍腻子→磨光→封底漆→刷乳胶漆→磨光→刷第二遍乳胶漆→清扫。

先将装修表面的浮渣等杂物用开刀铲除，如表面有油污，应用清洗剂清水洗净，干燥后再用棕刷将表面灰尘清扫干净。

用腻子将墙面麻面、蜂窝、洞眼等缺残处补好。等腻子干透后，先用开刀将凸起的腻子铲开，然后用粗砂纸磨平。

先用胶皮刮板满刮第一遍腻子，要求横向刮抹平整、均匀、光滑、密实，线角及边棱整齐。第二遍满刮腻子与第一遍方向垂直，方法相同，干透后用细砂纸打磨平整、光滑。

涂刷前用手提电动搅拌枪将涂料搅拌均匀，如稠度较大，可加清水稀释，但稠度应控制，不得稀稠不匀。然后将乳胶倒入托盘，用滚子醮乳胶进行滚涂，滚子先作横向滚涂，再作纵向滚压，将乳胶赶开、涂平、涂匀。第一遍滚涂乳胶结束 4 h 后，用细砂纸磨光，若天气潮湿，4 h 后未干，应延长间隔时间，待干后再磨。

根据设计要求涂刷乳胶刷两遍，每遍涂刷应厚薄一致，充分盖底，表面均匀。

清扫飞溅乳胶，清除施工准备时预先覆盖在踢脚板、水、暖、电、卫设备及门窗等部位的遮挡物。

(7)楼地面

工程地面具体做法见表 2.8。

细石混凝土地面、铺砖地面均在墙面抹灰完毕后进行插入，具体插入时间以各区抹灰完毕时间为准。

细石混凝土楼地面：

①施工前应用水平仪测好标高，做好灰饼。

②细石混凝土整浇层采用普通水泥，粗骨料的最大粒径≤15 mm，含泥量 <1%，黄砂采用中粗砂，含泥量 <2%，水胶比 <0.55，坍落度 1 ~3 cm 干硬性。

③细石混凝土整浇层抹压时不得在表面洒水，加水泥浆或撒干水泥。混凝土收水后应进行二次压光，隔 24 h 后采用草包覆盖，浇水养护 7 d，防止收缩裂缝。

地板砖楼地面：

施工工艺：找标高→弹铺砖控制线→铺砖→勾缝、擦缝→养护。

①材料要求：地板砖的品种、颜色、规格符合设计要求，平整方正，厚度一致。

②基层处理：同水泥砂浆楼地面做法。

③抄平弹线：根据 50 cm 水平控制线，从 50 cm 往下量 50 cm 和 53 cm，分别画下标记，再根据标记弹出一周水平线，此线上线为地面砖的上平线，下线为找平层的上平线。

④贴灰饼冲筋：在湿润好的垫层上，在房间的四周楼弹出的水平控制线贴灰饼，灰饼直径大小 5 ~8 cm，间距 1.5 m，中间每隔 1.5 m 贴一行灰饼。

表 2.8 工程地面具体做法

类别	地面类型	部位	总量(m^2)
地面	细石混凝土	汽车库、热交换间、空调机房、泵房、其他设备间、资料室、控制间、设备用房管理室、库房	20 082
	铺地砖地面	中心变电所、1#变电所、风机房、司机班、后勤管理、电梯厅、后勤管理部分走道、卫生间、楼梯间	5 060
	水泥地面	竖井、集水坑、管道间	7 000
	水池地面	消防水池	7 308
楼面	地砖楼面	空调机房、厨房、办公室、接待、会议、餐厅、电梯厅、档案室、借阅室、卫生间、楼梯间、咖啡厅、空调机房、加热间及其余房间	1 600
	细石混凝土楼面	通风检修、库房、气体消防钢瓶间、其他设备间	200
	防静电架空楼面	消防控制室、边庭	2 700
	种植楼面、花岗石楼面	对外政务大厅、会议区休息厅及公共走道、管委会入口门厅及周边电梯厅、会议室、管委会办公中庭、楼梯间	5 300
	水泥砂浆楼面	管道间	4 500
	双层软木地板楼面	领导休息室、健身房	700

⑤抹找平层:冲好筋,在空档内刷水胶比为 0.4 ~0.5 素水泥浆结合层,用 1∶3干硬性水泥砂浆抹找平层,随刷素浆随抹找平层。

⑥弹线排砖:找平层凝固后,在房间中心线弹出纵横方向相互垂直的控制线,并以中间向四周排块试铺,保持两边对称。

⑦铺贴时,先在找平层上刷好素水泥浆结合层,然后用 1∶3干硬性水泥砂浆铺粘接层,用木抹子抹平后,把地砖平放在粘结层上,用橡皮锤轻轻敲实敲平,使其边缘跟上线平齐,然后把地板砖翻过来,在背面上满抹一层水胶比 0.5 的素水泥浆,要抹平抹严,最后将地板砖放回原位,放时注意四角同时放平、敲实,每铺完一行砖时,要用靠尺检查其严整度。

⑧擦缝:地板砖铺完注意保护,3 d 内不准上人,3 d 后用 1∶1细水泥浆擦缝。

(8)顶棚

工程设备间及变电所为粘贴矿棉装饰吸声板吊顶;其余为石膏板吊顶,公共走道、普通办公室、接待、会议室为石膏板吊顶;企业办公室及管委会入口、大广场为预置清水混凝土吊顶;卫生间为铝合金条板吊顶;厨房为不锈钢顶棚。

①龙骨安装

a. 据吊顶的设计标高要求,在四周墙上弹线,弹线应清楚,其水平允许偏差 ±5 mm。

b. 据设计要求定出吊杆的吊点坐标位置。

c. 龙骨端部吊点离墙边不应大于 300 mm。

d. 龙骨安装完成应作整体校正其位置和标高,并应在跨中按规定起拱,起拱高度应不小于房间短向跨度的 1/200。

e. 不同种金属龙骨如需接驳,应使用同型号的接驳配件,如产品确无配件,应作适当处理。

f. 主龙骨在安装时与设备、预留孔洞或其他吊件、灯组、工艺吊件有矛盾时,应通知设计人协调处理吊点构造或增设吊杆。

g. 龙骨与吊杆应尽量在同一平面的垂直位置,如发现偏离应作适当调整。使用柔性吊杆作为主吊杆的,应作足够的刚性支撑,以免在安装罩面板时吊顶整体变形。

h. 龙骨安装应留有副(次)龙骨及罩面板之安装尺寸。

i. 设计无明确要求,主龙骨应平行于吊顶短跨边。

j. 装次龙骨,应使用同型号产品配件,并应卡接牢固。

②面板施工

吊顶面板在吊顶内电气管道安装、电缆敷设、穿线及喷淋系统管道施工完成后才能安装。

面板搁置在⊥型龙骨或其他龙骨之上。安装时除注意保持龙骨的平直外,安装后不要有外力重压。安装时,应留有板材安装缝,每边缝隙不宜大于 1 mm。

2.5.7 季节性施工技术措施

1)雨季施工

工程结构、部分装修和室外工程施工阶段为雨季施工,组织好工程雨季施工是保证工期和质量的前提。

①沿基坑顶、底周边设置环状砖砌排水沟和集水井,并配备水泵,及时排除施工用水及雨水。

②室外回填阶段应注意回填砂夹石的质量必须达到规范要求,回填过程中如遇大雨天气,必须停止回填,并尽可能对填土进行有效覆盖。

③施工期间加强同气象部门的联系。室外工程混凝土浇筑时应尽量避开大雨,少量混凝土浇筑如遇下雨,应用事先准备好的塑料薄膜,将新浇混凝土覆盖,防止因雨水冲刷而出现泛砂现象。

④施工期间应提前准备好足量的彩条布,当下雨时应及时对钢筋加工场地内外露的钢筋及其半成品进行全面覆盖,防止锈蚀。

⑤不得用过湿的砌块,以免砌筑时砂浆流失,使砌块滑移和干缩后造成裂缝。

⑥塔吊及施工电梯安装避雷装置,接地电阻不应大于 10 Ω,每月定期检测,并做好排水沟排水,现场设备也应作好防潮、防雨、防淹措施。

2)冬季施工

工程地下室施工处于冬季施工,冬季施工技术措施如下:

①根据工程需求提前组织冬季施工所用材料及机械备件的进场,为冬季施工的顺利展开提供物质上的保障。

②施工现场所有外露水管均先加保温套管,然后用玻璃丝布包裹保温,防止水管冻裂。

③环境温度低于 -5℃的条件下进行电弧焊时,除应遵守常温焊接的有关要求外,应调整焊接工艺参数,使焊缝和热影响区缓慢冷却。风力超过四级时应采取挡风措施。焊头采用矿棉包裹,冷却前应避免与冰雪接触。

④冬季施工时,混凝土要掺加防冻剂,以提高抗冻害能力及早期强度。水泥选用普通硅酸盐水泥,标号不得低于PO42.5R,混凝土中最少水泥用量不得低于300 kg/m³,水胶比不得大于0.5。骨料必须清洁,级配良好,不能含有冰雪和10 mm以上的冻块。

⑤商品混凝土应采用热水搅拌,热水的温度在60~80 ℃,若仍不能满足出罐温度要求时,也可以加热到近100 ℃。但此时一定要先投入骨料和水,最后再投入水泥,外加剂直接撒在水泥上面和水泥同时投入,搅拌时间不少于2 min。

⑥采用混凝土罐车输送混凝土到室内入模,保证混凝土的入模温度为+5 ℃以上。

⑦混凝土工程采用综合蓄热法进行施工。混凝土振捣完毕后,要立即覆盖一层薄膜,并盖上两层草帘子,敷设后要注意防潮和防止透风;对于构件的边棱,端部和凸角要特别加强保温,施工缝处还要采取局部加热措施。等混凝土强度达到设计强度70%时再除去保温层,这样可避免混凝土底层受冻。

⑧做好回填土的防冻工作。

习　题

1. 简述钢筋混凝土结构施工的一般程序。
2. 简述现浇混凝土结构房屋施工准备主要工作。
3. 简述现浇混凝土结构房屋施工现场准备包含的主要工作。
4. 简述现浇混凝土结构房屋施工技术准备包含的主要工作。
5. 简述现浇钢筋混凝土房屋的施工顺序。
6. 简述现浇钢筋混凝土房屋的顺序。
7. 简述基坑(槽)放坡开挖的一般程序。
8. 简述岛式挖土顺序。
9. 简述盆式挖土顺序。
10. 简述现浇混凝土框架结构房屋主体施工工艺。
11. 简述常现浇钢筋混凝土结构施工起重运输体系。
12. 简述现浇混凝土结构房屋施工质量验收主要工作。

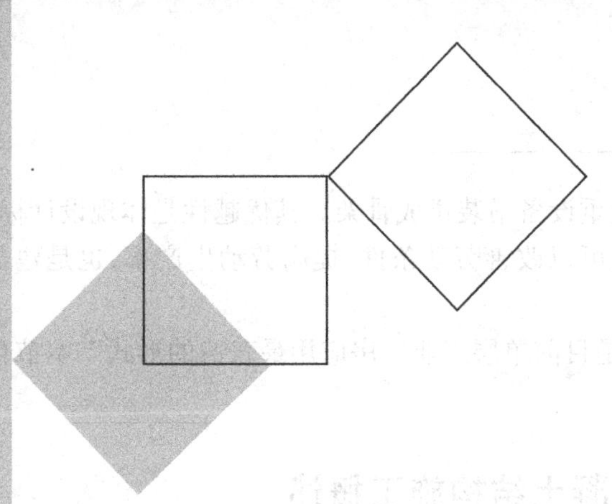

3 装配式混凝土结构施工

本章导读:

- **基本要求**　掌握装配式混凝土结构施工特点;掌握单层工业厂房基本构造,掌握装配式混凝土单层工业厂房施工工艺;掌握单层工业厂房装配式混凝土结构施工准备工作;掌握单层工业厂房装配式混凝土结构施工组织;掌握多层装配式混凝土结构施工组织;掌握装配式混凝土结构施工质量验收主要工作。
- **重点**　装配式混凝土单层工业厂房施工工艺;装配式混凝土结构单层工业厂房施工准备工作;单层工业厂房装配式混凝土结构施工组织;多层装配式混凝土结构施工组织;装配式混凝土结构施工质量验收主要工作。
- **难点**　单层工业厂房装配式混凝土结构施工组织;多层装配式混凝土结构施工组织。

装配式建筑是将构件厂或现场加工生产的构件,通过特定的构件运输工具搬运到施工现场用机械进行安装的建筑。装配式建筑与传统施工方法不同,具有特殊的施工规律,它是以构件的机械吊装工程为中心,一般要根据施工现场的面积大小、施工道路的安排、构件堆放位置、水电源的供给方式以及建筑物的有关尺寸,合理的选用与安排建筑机械。

装配式混凝土结构是由预制混凝土构件或部件采用各种可靠的连接方式装配而成的混凝土结构。预制装配式混凝土结构已经广泛应用于工业与民用建筑、桥梁道路、水工建筑、大型容器等工程结构领域,并在其中发挥着不可替代的作用。

本章重点介绍的是由钢筋混凝土构件,通过结构吊装组成的排架式单层工业厂房和多层装配式混凝土结构的施工。

3.1　单层工业厂房装配式混凝土结构施工

装配式混凝土结构的工业厂房,是将许多单个构件,分别在工地现场或混凝土制品厂预制成型,运输到施工地点,然后按照图纸用起重设备吊装拼成骨架。其优越性是体现设计标准化、构件定型化、产品工厂化、安装机械化。它可以改善劳动条件,提高劳动生产率,也是建筑工业化的途径之一。

钢筋混凝土构件的装配式排架结构,是目前单层工业厂房应用最普遍的形式。本节重点介绍该类单层工业厂房施工。

3.1.1 单层工业厂房装配式混凝土结构施工概述

1)单层工业厂房的基本构造

单层工业厂房常用的结构形式为排架结构,其特点是柱和屋架的连接是铰接。屋架可用钢筋混凝土屋架,也可用钢屋架;柱可用钢筋混凝土柱,也可用钢柱。单层工业厂房构造如图 3.1 所示。

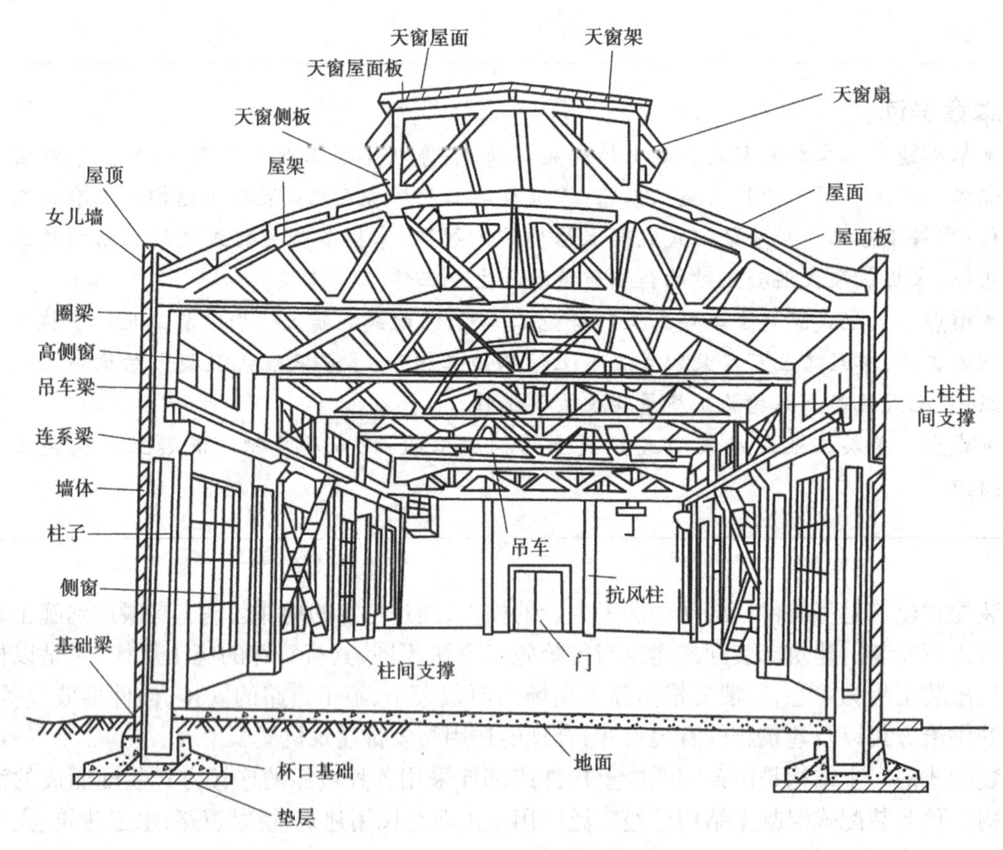

图 3.1　单层工业厂房基本构造

(1)基础

单层工业厂房的基础大多数采用独立式钢筋混凝土基础,柱和基础属非刚性连接,混凝土柱单独制造,吊装插入杯形基础后灌注嵌固混凝土而连接。

(2)柱子

柱子采用钢筋混凝土材料,可工地预先制作,小型柱由混凝土制品厂生产后再运到工程现场,中大型柱在施工现场制作。工艺生产要求柱子上支架吊车梁,则该类柱子需制作有突出柱面的牛腿。

(3)吊车梁

吊车梁是支架于柱子牛腿上,纵向通长的一根梁,其作用是作为桥式吊车行走时的车道,梁上安装道轨。钢筋混凝土吊车梁通常采用T形断面侧向矩形和T形断面侧向鱼腹式这两种形式。

(4)屋架

当跨度小于18 m时,通常采用钢筋混凝土的薄腹梁;小于30 m时,采用钢筋混凝土的预应力屋架;大于30 m时宜采用钢屋架。

(5)屋面板

当柱距较小时,可采用槽板、多空板;当柱距为6 m时,一般采用预应力钢筋混凝土的大型屋面板。

(6)其他构件

基础上有时设基础梁,在梁上砌筑围护结构;当柱子较高时,墙体中间还需设置墙梁。为了采光及排气,有的车间需要天窗,此时屋架上还需安装天窗架。单层厂房横向排架之间,还要设置纵向的连系梁。在抗震设防的厂房的施工中需现场浇筑圈梁。这些构件也都是在单层工业厂房中会遇到的,有的需要与大构件一样在事先预制好;有的则是在施工过程中交错进行浇筑。

单层工业厂房中除基础外,其他构件一般为预制构件。其中大型屋架、柱子多在现场预制,它们的吊装就位必须与预制构件的位置综合考虑,即使是由预制厂生产的中小型构件,运至现场后的堆放位置对后续工作也有极大的影响。因此单层工业厂房的结构吊装是一个系统工程,其预制的位置、吊装的顺序会直接影响工程的进度和质量,必须从施工前的准备、构件的预制、运输、排放、吊装机械的选择直至结构的吊装顺序综合进行考虑。

2)施工程序

装配式结构的单层工业厂房其施工从定位放线到结构安装完毕,施工程序如图3.2所示(注:虚线表示可能有此工序)。

施工准备→定位放线→挖柱基→清基坑→浇筑垫层→支基础模板→绑扎钢筋→浇筑基础混凝土→起出芯模→养护→二次放线抄平→回填基坑土→平整场地→布置构件制作位置→柱构件制作→吊车梁构件制作→连系梁构件制作→屋架制作→天窗架制作→确定吊装运行线路→机械进场→构件就位→吊装柱子→吊装地梁、吊车梁、连系梁→吊装屋架、天窗架屋面板、天沟板→砌围护墙体→浇墙梁、圈梁→砌筑施工完毕→完成结构施工

吊车梁张拉┈┈↑　屋架张拉┈┈↑

进场┈┈↑　砌墙准备┈┈↑

图3.2　施工程序示意图

其中,结构安装工程是单层工业厂房施工中的主导工程。

3.1.2　单层工业厂房装配式混凝土结构施工准备

(1)技术准备

进行结构施工图会审,确定工地需制作的构件种类、数量及具体尺寸的大小;确定外部加工订货的数量、类别、型号;提出现场制作构件上的预埋铁件加工单。了解基础形式,挖土深度、平面尺寸、杯口大小等;柱距、柱网的尺寸、跨度等,便于施工放线。了解围护墙体的材料、厚度、构

造形式，为砌筑做好技术准备。

(2)施工准备

确定挖土方法，如用机械则还需确定机械种类、数量；确定吊装方法和吊装机械；规划现场加工制作的构件布置图，确定机械吊装的运行路线；进行场地平整等准备工作。

(3)定位放线

先确定纵向和横向的轴线位置，确立设置四只角柱的定位控制桩到整个厂房的定位控制。根据轴线，在不影响挖土的位置钉立龙门板桩，确定每个基础的位置，并在门板上确定标高值，以便检验挖土深度和以后确定基础的标高。

3.1.3 单层工业厂房装配式混凝土结构施工组织

1)基础施工

①挖土：挖土可采用单个基础的基坑开挖方式，如果基础大、柱距小，可以采用纵向挖成条形长坑的方式。挖土时可采用人工挖土，也可以采用机械挖土。

②浇筑垫层：土质良好时，可利用土壁进行垫层的原槽浇筑。浇筑前垫层上用抄平钉定出标高，浇筑后按此标高抹平。

③基础支模及绑扎钢筋：清扫内部垫层，绑扎基底钢筋，支好柱基侧模后，再支杯口外周模板，绑好杯口内构造钢筋，再吊杯口芯模，使浇筑混凝土之后形成安插柱子的杯口。按规定垫好钢筋保护层垫块。

④浇筑基础混凝土：注意防止杯口芯模上浮，上浮会造成杯口内标高提高。因此，防止芯模上浮必须由专人看模板，必要时在芯模内加压重。

⑤混凝土拆模及养护：混凝土浇筑后 8 ~ 10 h 即可拆除芯模，并测量杯口深度是否足够，万一有上浮现象，在混凝土强度低时较容易处理。然后拆除侧模，进行覆盖养护，也可在杯口中放水养护。

⑥清理并回填基坑：回填土必须按规范规定分层、分次进行夯实，并应抽查土的密实度。回填土同时，测量工应把厂房的轴线、柱子的边线、杯口标高从龙门板返回到基础上，并用墨线弹出便于核查和吊装时使用。因为杯形基础上口标高都低于地坪标高，因此，回填土后四周土应拍成坡度。杯口上应盖上木板，防止杂物落入杯口内，也起到安全防护作用。

2)平整场地与道路铺设

在起重机进场前，应做好“三通一平”工作，即水通、电通、道路通及场地平整。并做好现场的排水工作，确保道路坚实，以利后面起重机的吊装。运输道路应有足够的路面宽度和转弯半径。

3)构件制作位置

杯形基础完成后，其他现场制作的构件按施工组织设计的方案，在厂房内及厂房四边范围内划分各类构件制作的地点。

(1)柱子的制作位置

柱子的预制位置与吊装的方法有关。一般以相对应的基础为中心，确定放置位置。如柱根在基础处斜向放置，或柱中部邻近基础平行或略斜放置。

(2)吊车梁的制作位置

一般6 m标准型轻量级的吊车梁可由加工厂制作。如果是重型或需采用后张法预应力的吊车梁,则在现场制作。其位置可对称于柱的布置在基础的另一侧放置。

(3)屋架的制作位置

屋架由于其长度长、体量较大,可采用叠浇3 ~4 榀一堆,所以往往在厂房中间偏一侧放置。制作完后吊装前由吊装机械根据屋架实际安装轴线位置,做一次吊装前的就位。

其他小构件如需在现场制作的,可以根据场地实际,合理安插布置。

4)构件的运输与堆放

在预制厂或现场之外集中制作的构件,吊装前要运至吊装最佳地点就位,避免二次搬运。可根据构件的尺寸、重量、结构受力特点选择合理的运输工具,通常采用载重汽车和平板拖车。运输中必须保证构件不开裂、不变形,因此,运输时要固定牢靠,支承合理,掌握好行车速度。

构件运输时的混凝土强度,如设计无要求不应低于设计强度的75%。不论车上运输或卸车堆放,其垫点和吊点都应按设计要求进行,叠放构件之间的垫木要在同一条垂直线上。图3.3为柱、吊车梁、屋架等构件运输示意图。

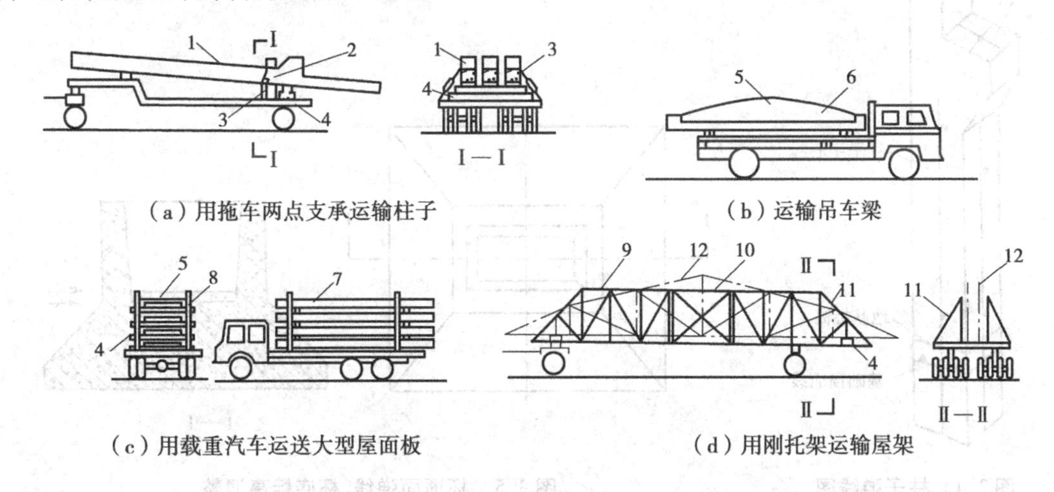

图3.3　柱、吊车梁、屋架等构件运输示意图

1—柱子;2—捯链;3—钢丝绳;4—垫木;5—铅丝;6—鱼腹式吊车梁;7—大型屋面板;8—木杆;9—钢托架首节;10—钢托架中间节;11—钢托架尾节;12—屋架

5)吊装前的准备

(1)吊装前对构件的质量检查

在吊装之前应对构件进行一次全面检查,确保工程质量及吊装工作的顺序进行,复查构件的制作尺寸是否存在偏差,预埋件尺寸、位置是否准确;构件是否存在裂痕和变形,混凝土强度是否达到设计要求,如无设计要求,构件的混凝土应不低于设计强度的75%;预应力混凝土构件孔道灌浆的强度等级应不低于C15,检查合格后方可进行吊装。

(2)构件的弹线与编号

为了使构件吊装时便于对位、校正,必须在构件上标注几何中心线作为吊装准线。具体要求如下:

柱子:应在柱身的三面弹出其几何中心线,此线应与柱基础杯口上的中心线相吻合。对于工字形截面柱，除弹出几何中心线外，尚应在其翼缘部分弹一条与中心线相平行的线，以避免校正时产生观测视差，此外在柱顶面和牛腿面上要弹出屋架及吊车梁的吊装准线，如图3.4所示。

屋架：上弦顶面应弹出几何中心线，并从跨中央向两端分别弹出天窗架、屋面板的吊装准线；在屋架的两个端头弹出屋架的吊装准线以便屋架安装对位与校正。

吊车梁：应在两端面及顶面弹出吊装中心线。在对构件标高弹线的同时，尚应按图纸将构件逐个编号，应标注在统一的位置，对不易区分上下左右的构件，应在构件上标明记号。

(3)杯形基础的准备

杯形基础的准备主要包括基础定位轴线和基底抄平。先复查杯口的尺寸，然后利用经纬仪根据柱网轴线在杯口顶面上标出十字交叉的柱子吊装中心线，作为吊装柱子的对位及校正准线。基底抄平即将基底标高调整到统一的高度，可根据安装后牛腿面的标高计算出基底的统一高度，并用水泥砂浆或细石混凝土将杯底调整 Δh 到这一高度，如图3.5所示。

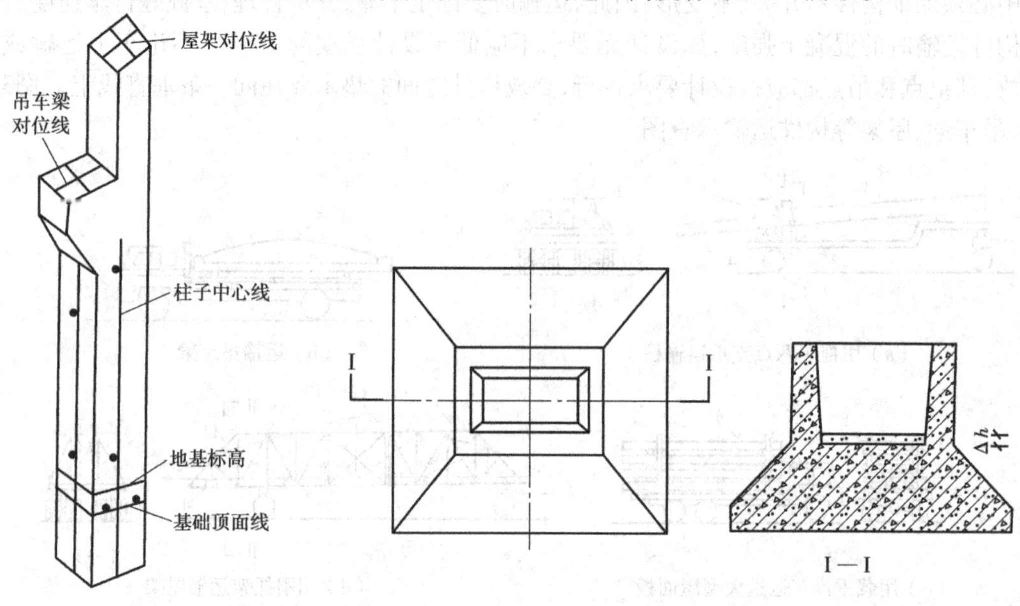

图3.4　柱子弹线图　　　　图3.5　杯顶面弹线、杯底标高调整

(4)构件的临时加固

构件起吊时的绑扎位置往往不同于正常使用时的支承位置，所以构件的内力将产生变化。在吊装前应根据情况进行吊装内力的验算，必要时应采取临时加固措施。

6)构件安装工艺

构件安装一般包括：绑扎、起吊、对位、临时固定、校正和最后固定等工序。

(1)柱的安装

①柱的绑扎

柱的绑扎方法、绑扎位置和绑扎点数应视柱的形状、长度、截面、配筋、起吊方法及起重机性能等因素而定。因柱起吊时吊离地面的瞬间由自重产生的弯矩最大，其最合理的绑扎点位置，应按柱产生的正负弯矩绝对值相等的原则来确定。一般中小型柱大多采用一点绑扎，重柱或配筋少而细长的柱为防止在起吊过程中柱身断裂，常采用两点甚至三点绑扎。对于有牛腿的柱，其绑扎点应选在牛腿以下200 mm处。工字形断面和双肢柱，应选在矩形断面处，否则应在绑扎位置用方木加固翼缘，以免翼缘在起吊时损坏。

按柱起吊后柱身是否垂直，分为直吊法和斜吊法，相应的绑扎方法有：

a. 斜吊绑扎法。当柱平卧起吊的抗弯能力满足要求时，可采用斜吊绑扎，如图 3.6 所示。该方法的特点是柱不需翻身，起重钩可低于柱顶，当柱身较长，起重机臂长不够时，用此法较方便，但因柱身倾斜，就位时对中较困难。

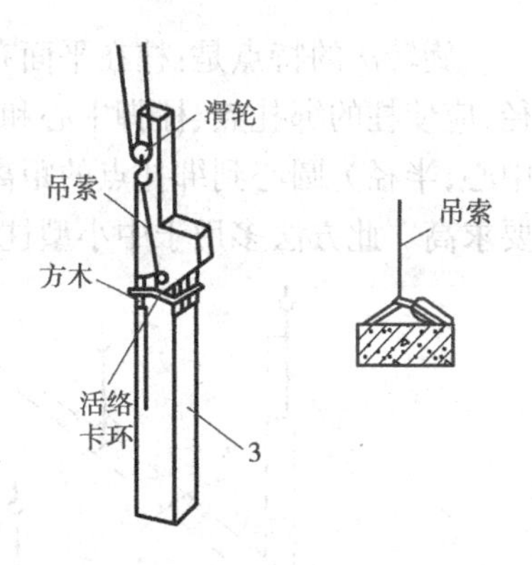

图 3.6 柱的斜吊绑扎法

b. 直吊绑扎法。当柱平卧起吊的抗弯能力不足时，吊装前需先将柱翻身后再绑扎起吊，这时就要采取直吊绑扎法，如图 3.7 所示。该方法的特点是吊索从柱的两侧引出，上端通过卡环或滑轮挂在铁扁担上；起吊时，铁扁担位于柱顶上，柱身呈垂直状态，便于柱垂直插入杯口和对中、校正。但由于铁扁担高于柱顶，须用较长的起重臂。

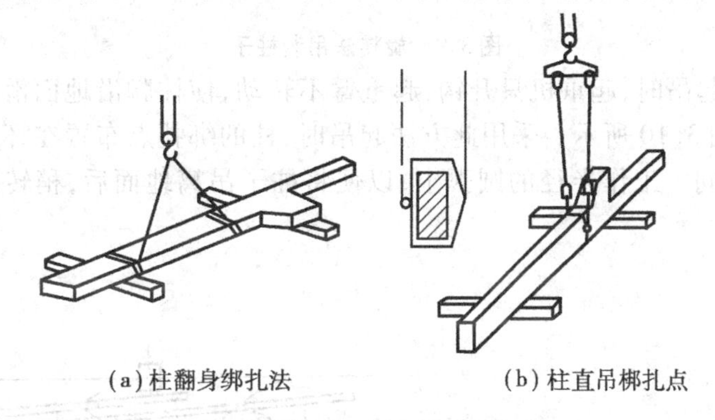
(a) 柱翻身绑扎法　　(b) 柱直吊梆扎点

图 3.7 柱的翻身及直吊绑扎法

c. 两点绑扎法。当柱身较长、一点绑扎和抗弯能力不足时，可采用两点绑扎起吊，如图 3.8 所示。

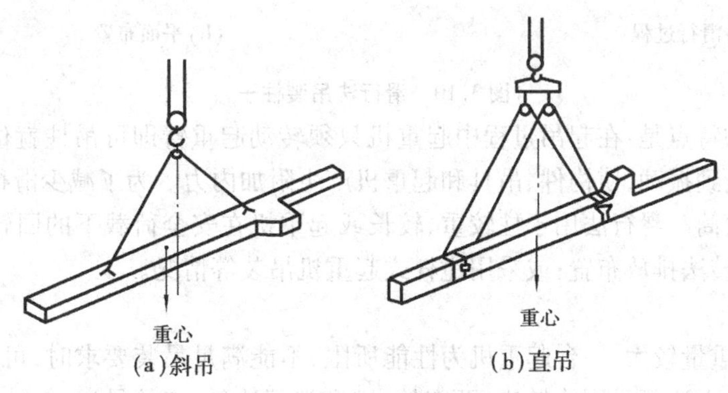

(a) 斜吊　　(b) 直吊

图 3.8 柱的两点绑扎点

②柱的起吊

柱子起吊方法主要有旋转法和滑行法，按使用机械数量可分为单机起吊和双机抬吊。

a. 单机吊装：

• 旋转法。起重机边升钩，边回转起重臂，使柱绕柱脚旋转而呈直立状态，然后将其插入杯口中，如图 3.9 所示。

旋转法的特点是:柱在平面布置时,柱脚靠近基础,为使其在吊升过程中保持一定的回转半径,应使柱的绑扎点、柱脚中心和杯口中心点三点共弧。该弧所在圆的圆心即为起重机的回转中心,半径为圆心到绑扎点的距离。旋转法吊升柱振动小,生产效率较高,但对起重机的机动性要求高。此方法多用于中小型柱的吊装。

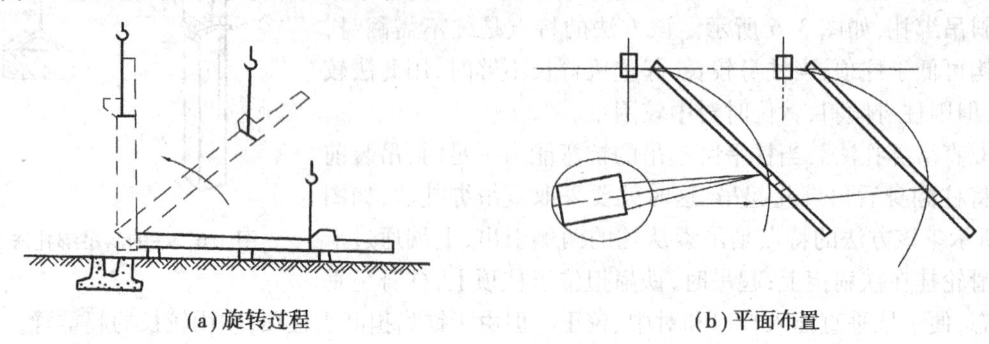

图3.9　旋转法吊装柱子

• 滑行法。柱起吊时,起重机只升钩,起重臂不转动,使柱脚沿地面滑升逐渐直立,然后插入基础杯口,如图3.10所示。采用此方法起吊时,柱的绑扎点布置在杯口附近,并与杯口中心位于起重机的同一工作半径的圆弧上,以便将柱子吊离地面后,稍转动起重臂杆,即可就位。

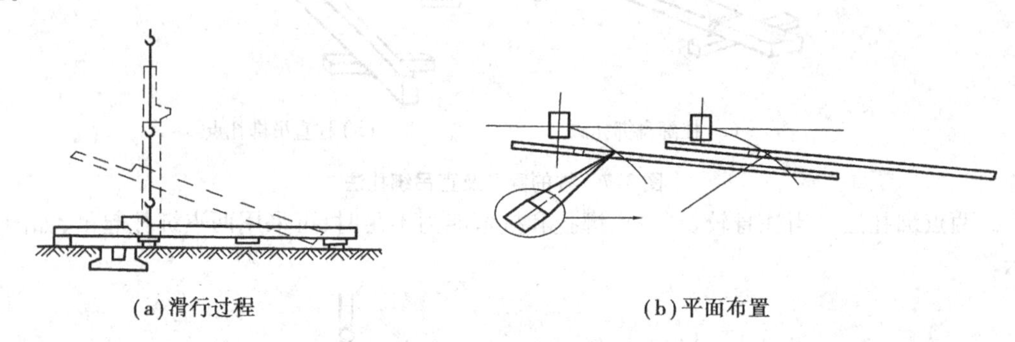

图3.10　滑行法吊装柱子

滑行吊装法的特点是:在起吊过程中起重机只须转动起重臂即可吊柱就位,比较安全。但柱在滑行过程中受到振动,使构件、吊具和起重机产生附加内力。为了减少滑行阻力,可在柱脚下面设置托木或滚筒。滑行法用于柱较重、较长或起重机在安全荷载下的回转半径不够;现场狭窄,柱无法按旋转法排放布置;或采用桅杆式起重机吊装等情况。

b. 双机抬吊:

当柱子体型、重量较大,一台起重机为性能所限,不能满足吊装要求时,可采用两台起重机联合起吊。其起吊方法可采用旋转法(两点抬吊)和滑行法(一点抬吊)。

双机抬吊旋转法,是用一台起重机抬柱的上吊点,另一台起重机抬柱的下吊点,柱的布置应使两个吊点与基础中心分别处于起重半径的圆弧上,两台起重机并立于柱的一侧,如图3.11所示。

起吊时,两机同时同速升钩,至柱离地面0.3 m高度时,停止上升;然后,两起重机的起重臂同时向杯口旋转;此时,从动起重机A只旋转不提升,主动起重机B则边旋转边提升吊钩直至柱直立,双机以等速缓慢落钩,将柱插入杯口中。

双机抬吊滑行法柱的平面布置与单机起吊滑行法基本相同。两台起重机相对而立,其吊钩

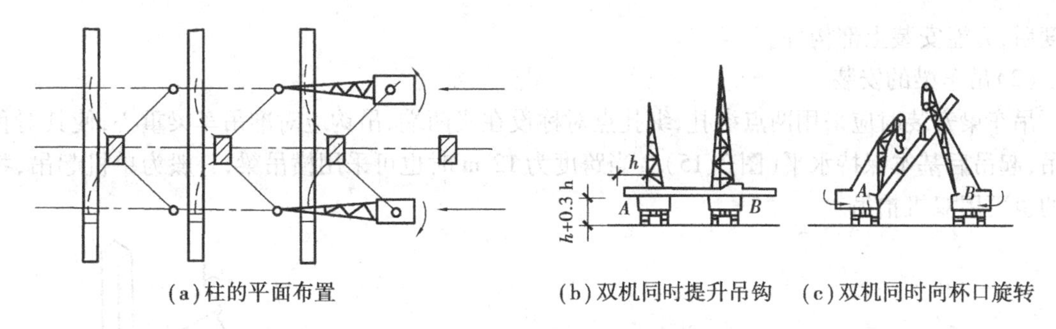

(a)柱的平面布置 (b)双机同时提升吊钩 (c)双机同时向杯口旋转

图3.11 双机抬吊旋转法

均应位于基础上方,如图3.12所示。起吊时,两台起重机以相同的升钩、降钩、旋转速度工作,故宜选择型号相同的起重机。

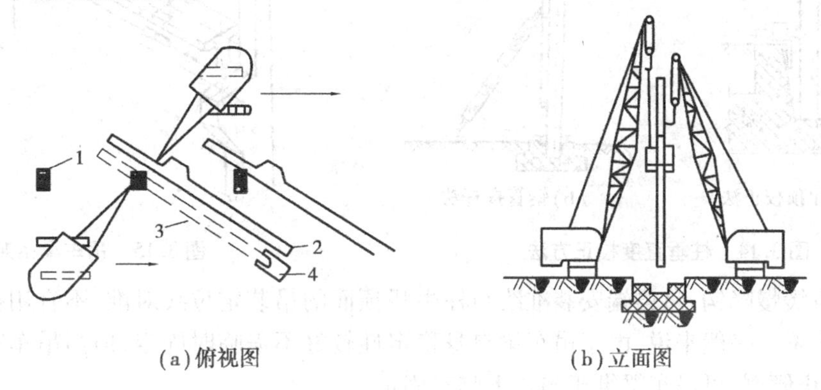

(a)俯视图 (b)立面图

图3.12 双机抬吊滑行法

1—基础;2—柱预制位置;3—柱翻身后位置;4—滚动支座

③柱的对位与临时固定

柱脚插入杯口后,应悬离杯底30~50 mm处进行对位。对位时,应先沿柱子四周向杯口放入8只楔块,并用撬棍拨动柱脚,使柱子安装中心线对准杯口上的安装中心线,保持柱子基本垂直。当对位完成后,即可落钩将柱脚放入杯底,并复查中线,待符合要求后,即可将楔子打紧,使之临时固定,如图3.13所示。

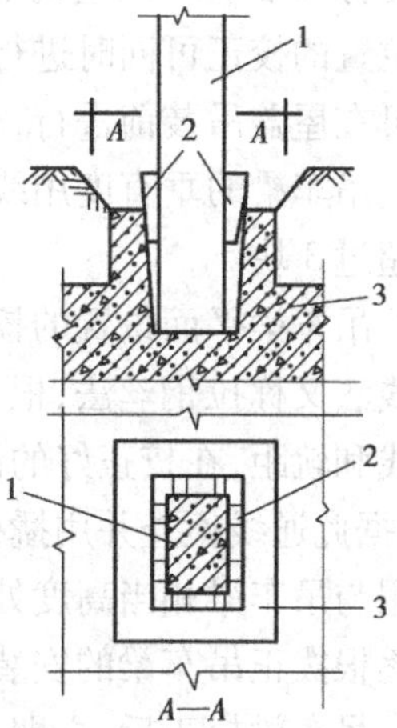

④柱的校正及最后固定

柱的校正包括平面位置校正、垂直度校正和标高校正。平面位置的校正,在柱临时固定前进行对位时就已完成,而柱标高则在吊装前已通过按实际柱长调整杯底标高的方法进行了校正。垂直度的校正,则应在柱临时固定后进行。柱垂直度的校正方法:对中小型柱或垂直偏差值较小的柱,可用敲打楔块法;对重型柱则可用千斤顶法、钢管撑杆法、缆风绳校正法,如图3.14所示。

图3.13 柱的临时固定

1—柱;2—楔块;3—基础

柱校正后,应将楔块以每两个一组对称、均匀、分次打紧,并立即进行最后固定。其方法是在柱脚与杯口的空隙中浇筑比柱混凝土强度等级高一级的细石混凝土。混凝土的浇筑分两次进行。第一次浇至楔块底面,待混凝土达到25%的强度后,拔去楔块,再浇筑第二次混凝土至杯口顶面,并进行养护;待第二次浇筑的混凝土强度达到75%设计强度后，方能安装上部构件。

(2)吊车梁的安装

吊车梁安装时应采用两点绑扎，绑扎点对称设在梁两端，吊钩应对准吊车梁重心，使其对称起吊，起吊后基本保持水平(图3.15)。当跨度为12 m时也可采用横吊梁，一般为单机起吊，特重的也可用双机抬吊。

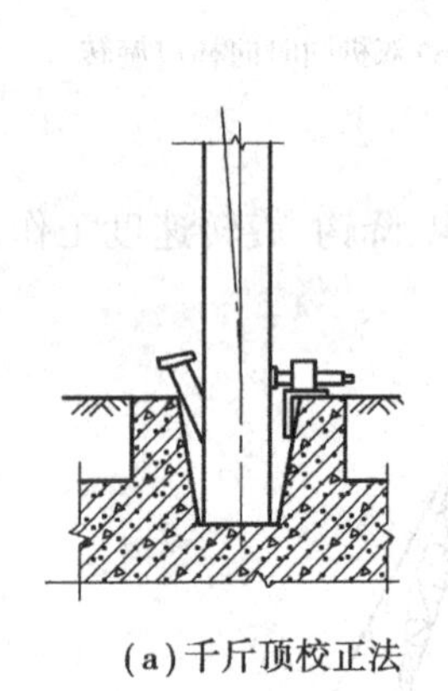

(a)千斤顶校正法　(b)钢管撑杆法

图3.14　柱垂直度校正方法

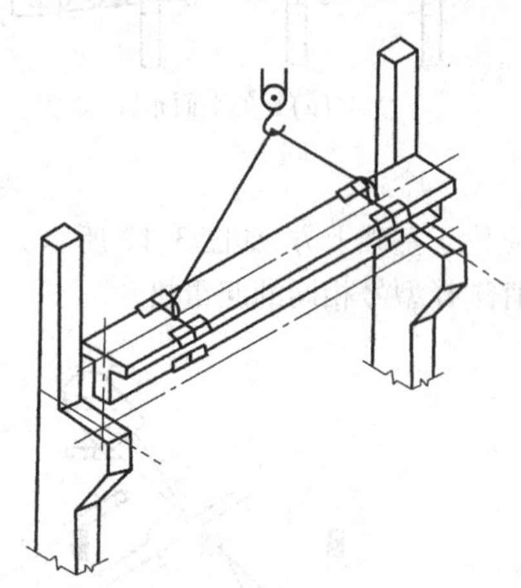

图3.15　吊车梁吊装

对位时应缓慢降钩，将梁端安装准线与柱牛腿顶面的吊装定位线对准，不宜用撬棍顺纵轴方向撬动吊车梁。一般来说，由于吊车梁自身稳定性较好不需临时固定，但当吊车梁高宽比大于4时，为防止倾倒，可吊车梁绑于与柱上临时固定。

吊车梁的校正包括标高、平面位置和垂直度校正。吊车梁标高主要取决于柱牛腿的标高，牛腿标高准确其误差就不大，若还存在微小偏差，可待安装轨道时再调整。吊车梁垂直度和平面位置的校正可同时进行。对重型吊车梁宜在屋盖安装前进行，边吊装边校正；对中小型吊车梁可在屋盖吊装前进行，也可在屋盖吊装后进行。

吊车梁的垂直度用线锤检查，若存在偏差，可在两端的支座面上加斜垫铁纠正，每叠垫铁不得超过3块。

吊车梁平面位置的校正，主要是检查吊车梁纵轴线的直线度，通常有通线法和平行移轴法。通线法又称拉钢丝法，根据柱轴线用经纬仪和钢尺准确地校正好一跨内两端的4根吊车梁的纵轴线和轨距，在校正好的吊车梁端部垫高200 mm左右，沿其轴线拉上钢丝通线，并悬挂重物拉紧，据此通线检查并用撬棍逐根拨正吊车梁(图3.16)。平行移轴法，在柱列两边设置经纬仪，利用与吊车梁相当高度处柱面杯口的吊装准线(即标志线)位置，确定吊车梁的定位轴线。据此逐根拨正吊车梁的安装中心线(图3.17)。

吊车梁校正后，立即与柱焊接牢固，并在吊车梁与柱接头的空隙处浇筑细石混凝土进行最后固定。

(3)钢筋混凝土屋架的安装

①屋架的扶直与就位

钢筋混凝土屋架一般均在施工现场平卧叠浇，吊装前尚应将于平卧制作的屋架扶成直立状态(扶直)，并移置吊升前的规定位置(就位)。

根据起重机与屋架相对位置不同，屋架扶直可分为正向扶直与反向扶直。

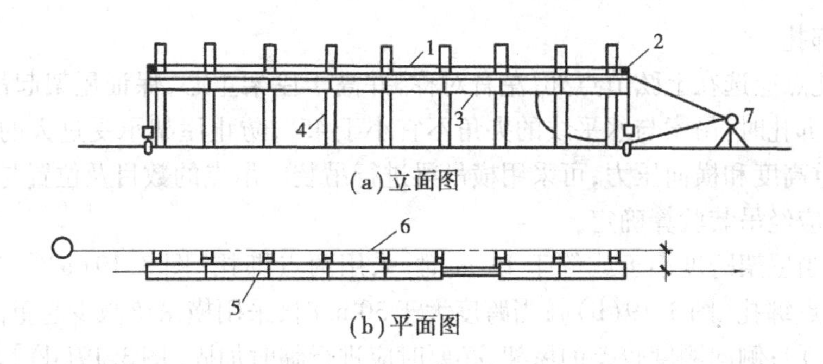

图 3.16 通线法校正吊车梁

1—钢丝;2—圆钢;3—吊车梁;4—柱;5—吊车梁纵轴线;6—柱轴线;7—经纬仪

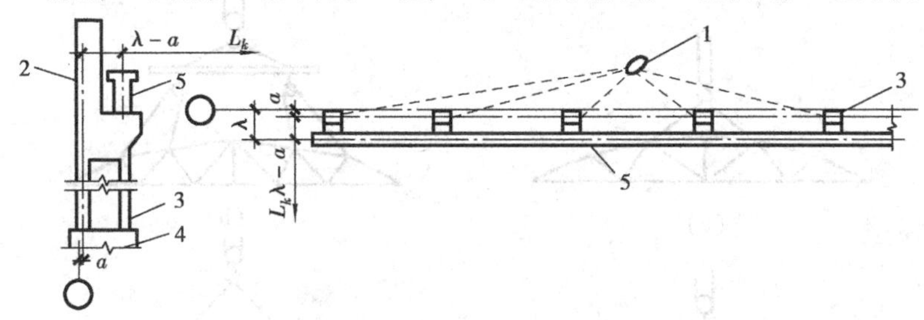

a—标志线至柱定位轴线的距离;$\lambda - a$—标志线距吊车梁定位轴线的距离;

λ—柱定位轴线到吊车梁定位轴线之间的距离

图 3.17 平行移轴法校正吊车梁

1—经纬仪;2—标记;3—柱;4—柱基础;5—吊车梁

a. 正向扶直。起重机位于屋架下弦一侧,以吊钩中心对准屋架上弦中点,收钩略略起臂使屋架脱模,然后起重机升钩并升臂使屋架以下弦为轴缓慢转为直立状态[图 3.18(a)]。

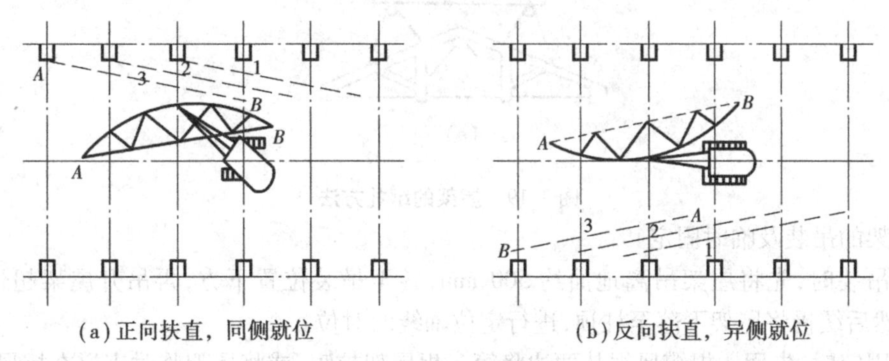

图 3.18 屋架的扶直

b. 反向扶直。起重机位于屋架上弦一侧,以吊钩对准屋架上弦中点,升钩并降臂,使屋架以下弦为轴缓慢转为直立状态[图 3.18(b)]。

正向扶直与反向扶直的区别在于屋架扶直过程中,一升臂,一降臂,以保持吊钩始终在上弦中点的垂直上方。升臂比降臂易于操作且比较安全,应尽可能采用正向扶直。

屋架扶直后应立即就位。就位的位置与屋架的安装方法、安装顺序、起重机性能等有关。应考虑便于吊装作业,且少占场地。一般靠柱边斜放或以 3 ~5 榀为一组平行柱边纵向就位,用支撑或 8 号铁丝等与已安装好的柱或已就位的屋架拉牢,以保持稳定。

②屋架的绑扎

屋架的绑扎点应选在上弦节点处,左右对称,并高于屋架重心,保证屋架起吊后基本水平,不晃动、倾翻。绑扎时,吊索与水平线的夹角不宜小于45°,防止屋架承受过大的横向压力。为减少屋架的起重高度和横向压力,可采用横吊梁进行吊装。吊点的数目及位置与屋架的形式和跨度有关,通常应经吊装验算确定。

一般来说,当屋架跨度小于或等于 18 m 时,采用两点绑扎[图 3.19(a)];当跨度为 18 ~ 24 m时,采用四点绑扎[图 3.19(b)];当跨度大于 30 m 时,采用横吊梁减少起重高度,并用四点绑扎[图 3.19(c)];侧向刚度较差的屋架,必要时应进行临时加固[图 3.19(d)],对下弦不能承受压力的三角形组合屋架,绑扎时也应设置横吊梁[图 3.19(e)]。

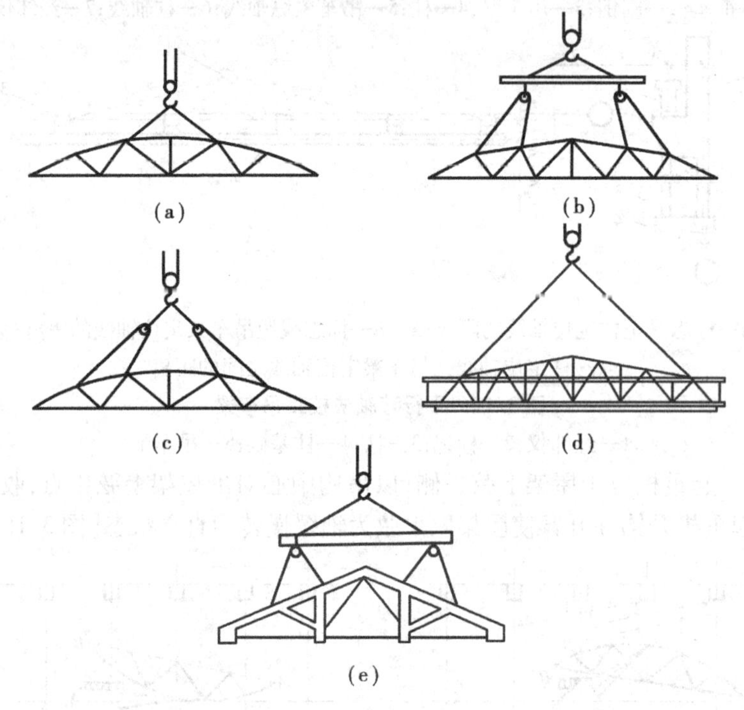

图 3.19　屋架的绑扎方法

③屋架的吊装及临时固定

屋架吊装时,先将屋架吊离地面约 500 mm,转至吊装位置下方,再吊升屋架超过柱顶约 300 mm,然后缓慢将屋架下落至柱顶,进行定位轴线的对位。

临时固定时,先用 4 根缆风绳从两边将第一榀屋架拉牢,或将屋架临时支撑在抗风柱上,其他各榀屋架则利用两根屋架校正器支撑临时固定在前一榀屋架上(图 3.20)。

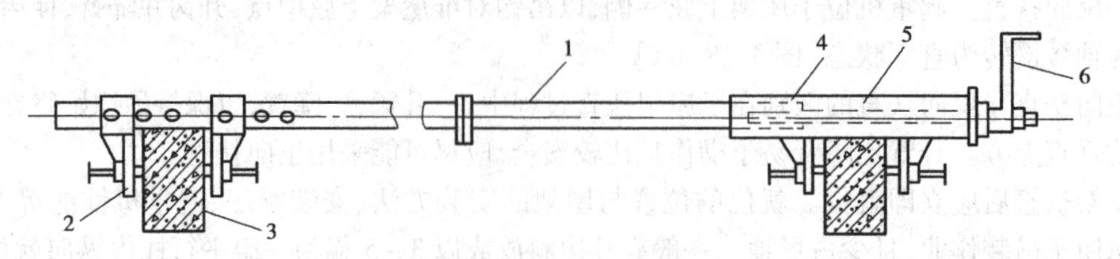

图 3.20　屋架校正器

1—钢管;2—撑脚;3—屋架上弦;4——螺母;5—螺杆;6—摇把

④屋架的校正与最后固定

屋架的校正内容是检查并校正其垂直度，检查采用经纬仪或线锤，校正用屋架校正器或缆风绳。

经纬仪检查时，在屋架上安装3个卡尺，一个安在上弦中点附近，另两个安在屋架两端，卡尺与屋架的平面垂直。从屋架上弦几何中心向外量出一定距离（一般500 mm）在卡尺上做出标记，然后在距离屋架中心线同样距离（500 mm）处安设经纬仪，观测3个卡尺上的标记是否在同一垂直面上（图3.21）。

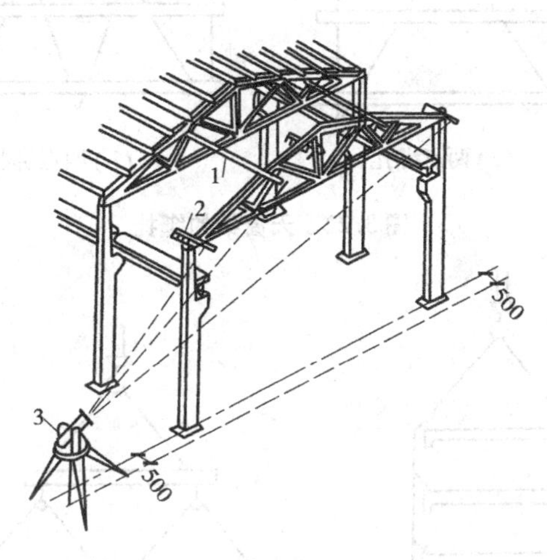

图3.21 屋架临时固定与校正

1—工具式支撑；2—卡尺；3—经纬仪

线锤检查时，卡尺设置与经纬仪检查方法相同，但标记距屋架几何中心的距离可短些（一般为300 mm）。在两端头卡尺的标记间连一通线，在中央卡尺标志向下挂线锤，检查3个卡尺标记是否在同一垂直面上。

若垂直度有偏差，可通过转动屋架校正器的螺栓纠正偏差。

屋架校正完毕后，立即用电焊最后固定。焊接时，应在屋架两端同时对角施焊，避免两端同侧施焊，防止焊缝收缩使屋架倾斜。

(4)天窗架及屋面板的安装

根据起重机的起重能力和起吊高度，天窗架可单独安装，也可与屋架组合一次安装，安装过程基本上和屋架相同。单独安装应在天窗架两侧的屋面板吊装完成后进行。由于天窗架侧向刚度较差，绑扎时应利用工具式夹具或绑扎圆木进行临时加固，一般可采用两点或四点绑扎（图3.22）。

吊装后，可用缆风、木撑或临时固定器（校正器）进行临时固定、校正，并利用电焊最后固定。

屋面板一般预埋有吊环，用吊索钩住吊环即可起吊。为充分发挥起重机效率，一般多采用一钩多块叠吊或多块平吊（图3.23）。

屋面板的安装顺序，应自两边檐口左右对称地逐块安向屋脊，以免支承结构承受不对称荷载。屋面板就位、校正后，应立即与屋架上弦或支承梁焊接牢固，并应保证有3个角点焊接。

7)围护结构施工

单层装配式混凝土工业厂房的围护结构施工，主要涉及围护墙体的砌筑、混凝土圈梁及墙

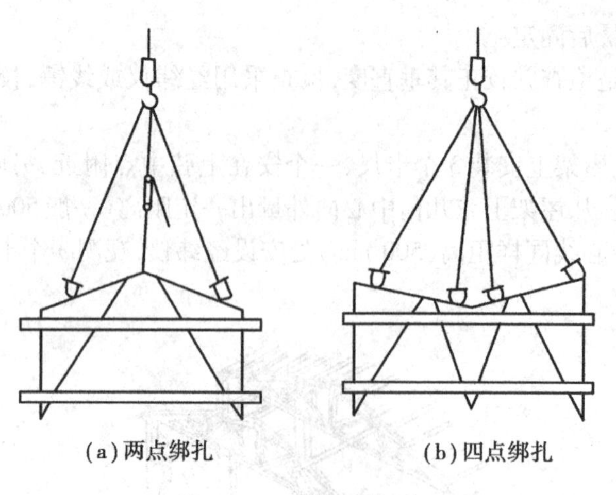

(a)两点绑扎　　(b)四点绑扎

图 3.22　天窗架的绑扎

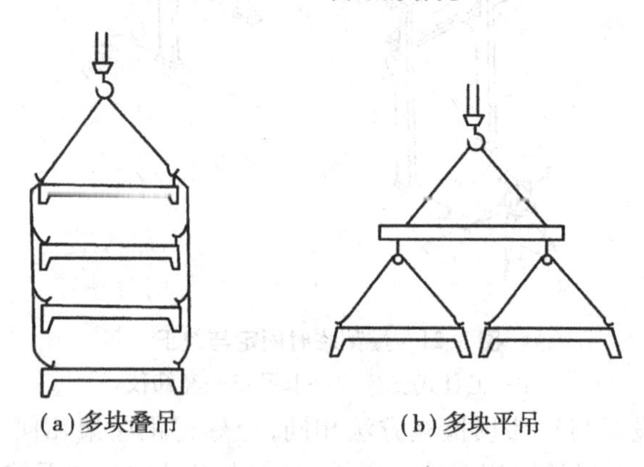

(a)多块叠吊　　(b)多块平吊

图 3.23　板吊装

梁的浇筑,施工内容与砌体结构房屋施工基本相同,可参阅第 1 章的相关内容。

3.1.4　单层工业厂房装配式混凝土结构施工质量验收

装配式混凝土结构通过装配预制构件实现,因此,其精确度要求相对比现浇的要高,结构吊装的质量重在预控。

1)预制构件应注意的质量要求

①构件尺寸必须准确。制作前一定要认真看透图纸,保证构件尺寸的准确,控制预制时模板尺寸,浇灌时减少模板变形。模板尺寸的允许偏差见表 3.1。

②构件强度必须符合设计要求。使用钢筋、水泥及其他原材料都应进行检验。混凝土计量和配比应准确,钢筋应做好隐蔽检查和钢筋质量的复检,预埋铁件的位置要准确且安放牢固,焊接符合要求。

③预应力张拉构件控制应力要符合设计,灌浆要及时,钢筋、钢绞线、锚具等要有质量保证。张拉时的混凝土强度应达到设计要求。

④所有构件的混凝土试块应有资料作为旁证依据。原材料质量保证书、复验书也应齐全。

⑤对完成构件的外观质量要求见表 3.2。

表3.1　构件预制模板尺寸允许偏差表

项　目		允许偏差(mm)			
		薄腹梁	梁	柱	板
长		±10			
宽		+2 -5	+2 -5	+2 -5	+0 -5
高(厚)		+2 -5	+2 -5	+2 -5	+2 -3
侧向弯曲		l/1 500且≤15	l/1 000且≤15	l/1 000且≤15	l/1 000且≤15
拼板表面高低差		1	1	1	1
表面平整		3	3	3	3
中心位置偏移	插筋预埋件	5	5	5	5
	安装孔	3	3	3	3
	预留孔	10	10	10	10
主筋保护层厚		+5 -3	+5 -3	+5 -3	±3
对角线差					7
翘曲					l/1 500
设计起拱		±3	±3		

注:l为构件的长度(mm)。

表3.2　构件外观质量要求

项　目		质量要求
露筋	主筋	不应有
	副筋	外露总长不超过500 mm
孔洞	任何部位	不应有
蜂窝	主要受力部位	不应有
	次要部位	不应有
裂缝	影响结构性能和使用的裂缝	不应有
	不影响结构性能和使用的少量裂缝	不宜有
连接部位缺陷	构件端头混凝土疏松或外伸钢筋松动	不应有
外形缺陷	清水表面	不应有
	混水表面	不宜有

续表

项目		质量要求
外表缺陷	清水表面	不应有
	混水表面	不宜有
外表沾污	清水表面	不应有
	混水表面	不宜有
备注	露筋指构件内钢筋未被混凝土包裹而外露的缺陷。孔洞指混凝土中深度和长度均超过保护层厚度的孔穴。连接部位缺陷指构件连接处混凝土疏松或受理钢筋松动。	

2)构件吊装中应注意的质量要求

①构件吊装时,其混凝土强度应达到设计许可的要求或施工规范规定的要求(不低于设计强度的70%)。构件无危害性裂缝。

②充分做好施工准备,如构件上的中心线、标高线、支承位置线都应正确标记,并应经施工人员复检合格。

③抓好柱子吊装的位置及垂直度的质量控制。测量仪器本身必须无误差,观测要认真,校正要负责。

④吊点位置要选准,吊索与构件水平面成角不小于45°。必要时进行吊点验算及采用加强加固措施。

⑤构件安装中及就位后,应具备临时固定的措施和工具。保证构件临时稳定,防止倾倒砸坏构件自身和其他构件,影响整个质量。

⑥安装的构件,必须经过校正达到符合要求后,才可正式焊接和浇灌接头的混凝土。

⑦构件中浇灌的接头、接缝,凡承受内力的,其混凝土强度等级应等于或大于构件的强度等级。

⑧柱子吊装及基础灌缝强度达到设计要求时,才允许吊装上部构件。采取全部柱子吊装就位后,再进行开间的节间吊装的流水方法。

3)构件安装中的允许偏差

①构件尺寸的允许偏差见表3.3。

表3.3 构件尺寸的允许偏差

项目			允许偏差(mm)
截面尺寸	长度	板、梁	+10 -5
		柱	+5 -10
		墙板	±5
		薄腹梁、桁架	+15 -10
	宽度、高度	板、梁、柱、墙板、薄腹梁、桁架	±5

续表

项　目			允许偏差(mm)
	肋宽、厚度	+4 −2	
侧向弯曲		板、梁、柱	l/750 且≤20
		墙板、薄腹梁、桁架	l/1 000 且≤20
预埋件		中心线位置	10
		螺栓位置	5
		螺栓外露长度	+10 −5
预留孔		中心线位置	5
预留洞		中心线位置	15
保护层厚度		板	+5 −3
		梁、柱、墙板、薄腹梁、桁架	+10 −5
对角线差		板、墙板	10
表面平整		板、梁、柱、墙板	5
预应力构件孔道预留位置		梁、墙板、薄腹梁、桁架	3

注：①受力钢筋保护层厚度的偏差仅在必要时进行检查；

②表中 l 为构件长度(mm)。

②构件安装时的允许偏差见表 3.4。

表 3.4　构件安装的允许偏差

项　目			允许偏差(mm)
杯型基础	中心线对轴线位置		10
	杯底安装标高		0 −10
柱	中心线对定位轴线的位置		5
	上下柱接口中心线位置		3
	垂直度	柱高≤5 m	5
		柱高 >5 m，<10 m	10
		柱高≥10 m	l/1 000 柱高且≤20
	牛腿上表面和柱顶标高	≤5 m	0 −5
		>5 m	0 −8

续表

项　目			允许偏差(mm)
梁或吊车梁	中心线对定位轴线的位置		5
	梁上表面标高		0 -5
屋架	下弦中心线对定位轴线的位置		5
	垂直度	桁架、拱型屋架	1/250 屋架高度
		薄腹梁	5
天窗架	构件中心线对定位轴线的位置		5
	垂直度		1/300 天窗架高度
托架梁	底座中心线对定位轴线的位置		5
	垂直度		10
板	相邻两板下表面平整	抹灰	5
		不抹灰	3

3.1.5　单层工业厂房装配式混凝土结构施工实例

某厂金工车间,跨度 18 m,长 54 m,柱距 6 m,共 9 个节间,建筑面积 1 002.36 m^2。主要承重结构采用装配式钢筋混凝土工字形柱,预应力混凝土折线形屋架,1.5 m×6 m 大型屋面板,T 形吊车梁,车间平面位置如图 3.24 所示。

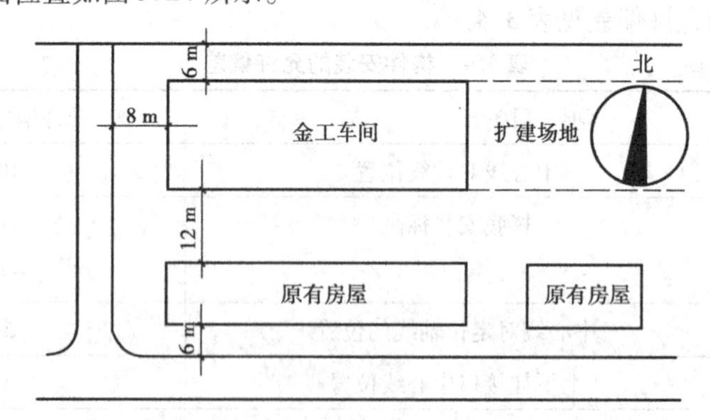

图 3.24　金工车间平面位置图

车间的结构平面图、剖面图如图 3.25 和图 3.26 所示。

制订安装方案前,先熟悉施工图,了解设计意图,对主要构件数量、质量、长度、安装标高分别算出,并列表 3.5 以便计算时查阅。

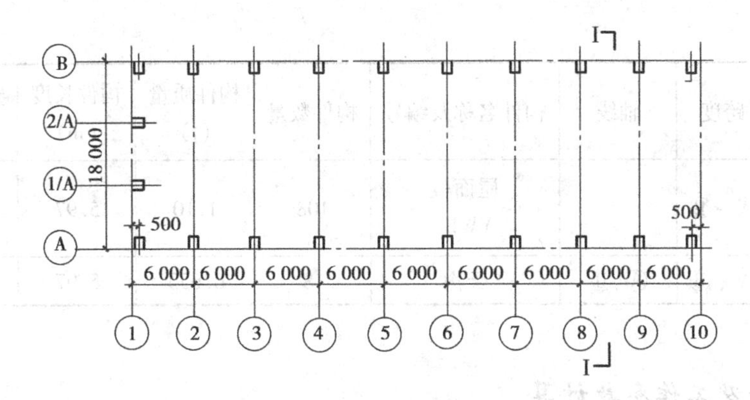

图 3.25 某厂金工车间结构平面图

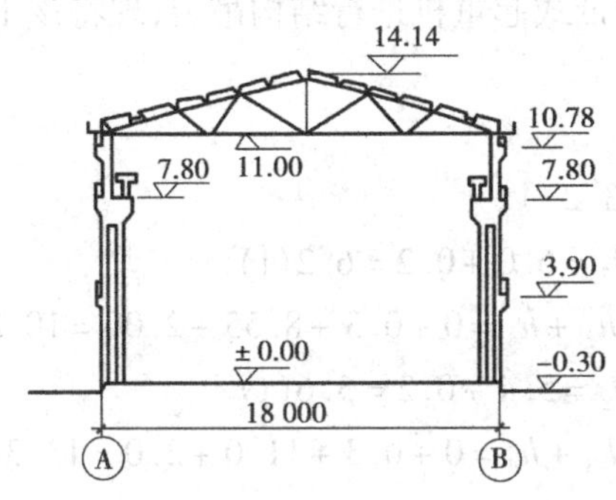

图 3.26 某厂金工车间结构剖面图

表 3.5 主要承重结构一览表

项次	跨度	轴线	构件名称及编号	构件数量	构件质量（t）	构件长度（m）	安装标高（m）
1	Ⓐ~Ⓑ	Ⓐ、Ⓑ	基础梁 YJL	18	1.13	5.97	
2	Ⓐ~Ⓑ	Ⓐ、Ⓑ ②~⑨	连系梁 YLL_1	42	0.79	5.97	+3.90
		①~② ⑨~⑩	YLL_2	12	0.73	5.97	+7.80 +10.78
3	Ⓐ~Ⓑ	Ⓐ、Ⓑ ②~⑨	柱 Z_1	16	6.00	12.25	-1.25
		①、⑩	Z_2	4	6.00	12.25	-1.25
		1/A、2/A	Z_3	2	5.4	14.4	
4	Ⓐ~Ⓑ		屋架 YWY_{18-1}	10	4.28	17.70	+11.00
5	Ⓐ~Ⓑ	Ⓐ、Ⓑ ②~⑨	吊车梁 $DCL_{6-4}Z$	14	3.38	5.97	+7.80
		①~② ⑨~⑩	$DCL_{6-4}B$	4	3.38	5.97	+7.80

续表

项次	跨度	轴线	构件名称及编号	构件数量	构件质量（t）	构件长度（m）	安装标高（m）
6	Ⓐ~Ⓑ		屋面板 YWB_1	108	1.10	5.97	+13.90
7	Ⓐ~Ⓑ	Ⓐ、Ⓑ	天沟	18	0.653	5.97	+11.00

1）起重机选择及工作参数计算

根据现有起重设备选择履带式起重机进行结构吊装，现将该工程各种构件所需的工作参数计算如下：

（1）柱子安装

采用斜吊绑扎法吊装（图3.27）。

Z_1 柱起质量：$Q_{min}=Q_1+Q_2=6.0+0.2=6.2(t)$

起重高度：$H_{min}=h_1+h_2+h_3+h_4=0+0.3+8.55+2.00=10.85(m)$

Z_3 柱起质量：$Q_{min}=Q_1+Q_2=5.4+0.2=5.6(t)$

起重高度：$H_{min}=h_1+h_2+h_3+h_4=0+0.3+11.0+2.0=13.30(m)$

（2）屋架安装（图3.28）

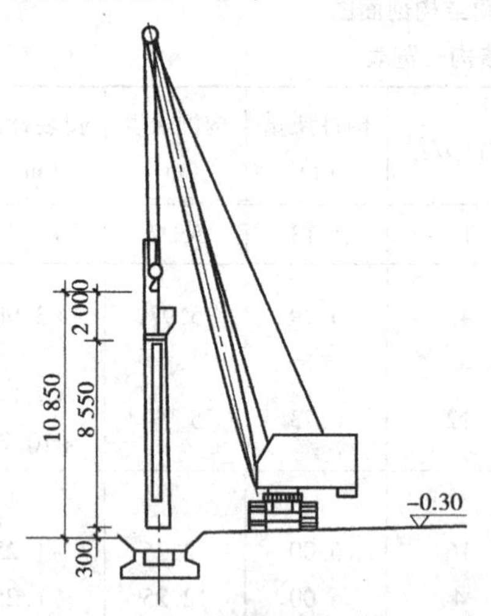

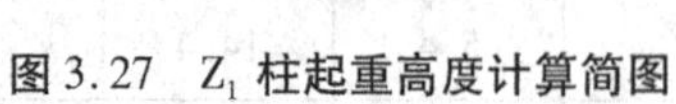

图3.27　Z_1 柱起重高度计算简图

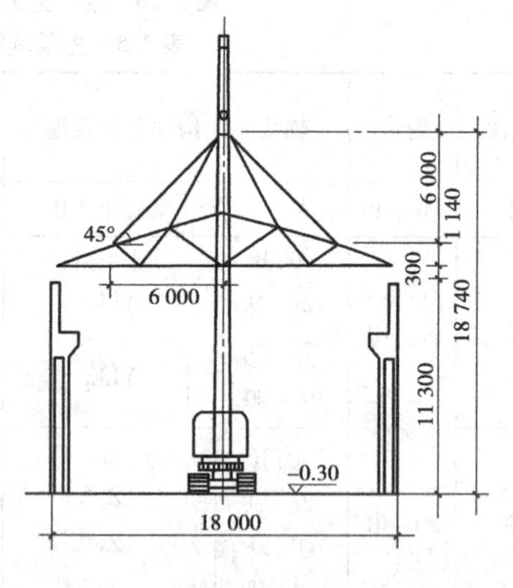

图3.28　屋架起重高度计算简图

起质量：$Q_{min}=Q_1+Q_2=4.28+0.2=4.48(t)$

起重高度：$H_{min}=11.3+0.3+1.14+6.0=18.74(m)$

（3）屋面板安装

起质量：$Q_{min}=Q_1+Q_2=1.1+0.2=1.3(t)$

起重高度：$H_{min}=11.3+2.64+0.3+0.24+2.50=16.98(m)$

安装屋面板时起重机吊钩需跨过已安装屋架3 m，且起重臂轴线与已安装的屋架上弦中线最少需保持1 m的水平间隙。所需最小杆长 L_{min} 的仰角，可按下式计算。

$$\alpha = \arctan\sqrt[3]{\frac{h}{f+g}} = \arctan\sqrt[3]{\frac{11.30+2.64-1.70}{3+1}} = 55°25'$$

$$L_{\min} = \frac{h}{\sin\alpha} + \frac{f+g}{\cos\alpha} = \frac{12.24}{\sin 55°25'} + \frac{4.00}{\cos 55°25'} = 21.95(\text{m})$$

选用 W_1—100 型起重机，采用杆长 $L=23$ m，设 $\alpha=55°$，再对起重高度进行核算：

假定起重杆顶端至吊钩的距离 $d=3.5$ m，则实际的起重高度为：

$$H = L\sin 55° + E - d = 23\sin 55° + 1.7 - 3.5 = 17.04 \text{ m} > 16.98 \text{ m}$$

则 $d=23\sin 55°+1.7-16.98=3.56$，满足要求。

此时起重机吊板的起重半径为：

$$R = F + L\cos\alpha = 1.3 + 23\cos 55° = 14.49 \text{ m}$$

再以选定的23m长起重臂及 $\alpha=55°$ 倾角用作图法来复核一下能否满足吊装最边缘一块屋面板的要求。

在图3.29中，以最边缘一块屋面板的中心 K 为圆心，以 $R=14.49$ m 为半径画弧，交起重机开行线路于 O_1 点，O_1 点即为起重机吊装边缘一块屋面板的停机位置。用比例尺量 $KQ=3.8$ m。过 O_1K 按比例作2—2剖面。从2—2剖面可以看出，所选起重臂及其中仰角可以满足吊装要求。

屋面板吊装工作参数计算及屋面板的就位布置图如图3.29所示。

根据以上各种吊装工作参数计算，确定选用23 m长度的起重臂，并查 W_1—100 型起重机性能曲线，列出表3.6，再选择合适的起重半径 R，作为制定构件平面布置图的依据。

表3.6 结构吊装工作参数表

构件名称	Z_1 柱			Z_3 柱			屋架			屋面板		
吊装工作参数	Q (t)	H (m)	R (m)	Q (t)	H (m)	R (m)	Q (t)	H (m)	R (m)	Q (t)	H (m)	R (m)
计算所需工作参数	6.2	10.85		5.6	13.3		4.48	18.74		1.3	16.94	
采用数值	7.2	19.0	7.0	6.0	19.0	8.0	4.9	19.0	9.0	2.3	17.30	14.49

2）结构安装方法及起重机的开行线路

采用分件安装法进行安装。吊柱时采用 $R=7$ m，故须跨边开行，每一停机点安装一根柱子。屋盖吊装则沿跨中开行，具体布图如图3.30所示。

起重机自Ⓐ轴线跨外进场，自西向东逐根安装Ⓐ轴柱列，开行路线距Ⓐ轴6.5 m，距原有房屋5.5 m，大于起重机回转中心至尾部距离3.2 m，回转时不会碰墙。Ⓐ轴柱列安装完毕后，转入跨内，自东向西安装Ⓐ轴柱列，由于柱子在跨内预制，场地狭窄，安装时，应适当缩小回转半径，取 $R=6.5$ m。开行路线距Ⓑ轴线5m，距跨中4m，均大于3.2m，回转时起重机尾部不会碰撞叠浇的屋架，屋架的预制均布置在跨中轴线以南。吊完Ⓑ轴柱列后，起重机自西向东扶直屋架就位；再转向安装Ⓐ轴吊车梁、连系梁，接着安装Ⓑ轴吊车梁、连系梁。

起重机自东向西沿跨中开行，安装屋架、屋面板及屋面支撑等。在安装①轴线的屋架前，应先安装西端头的两根抗风柱，安装屋面板，起重机即可拆除起重杆退场。

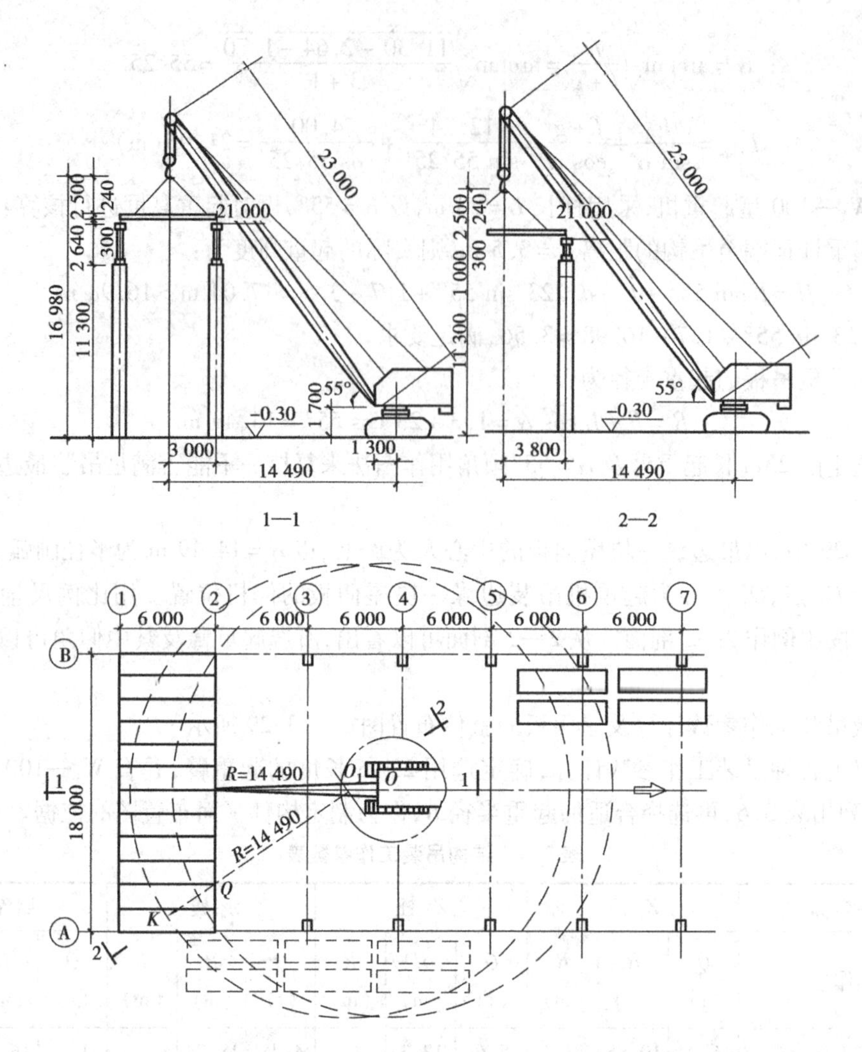

图 3.29　屋面板吊装工作参数计算简图及屋面板的排放布置图

（虚线表示当屋面板跨外布置时的位置）

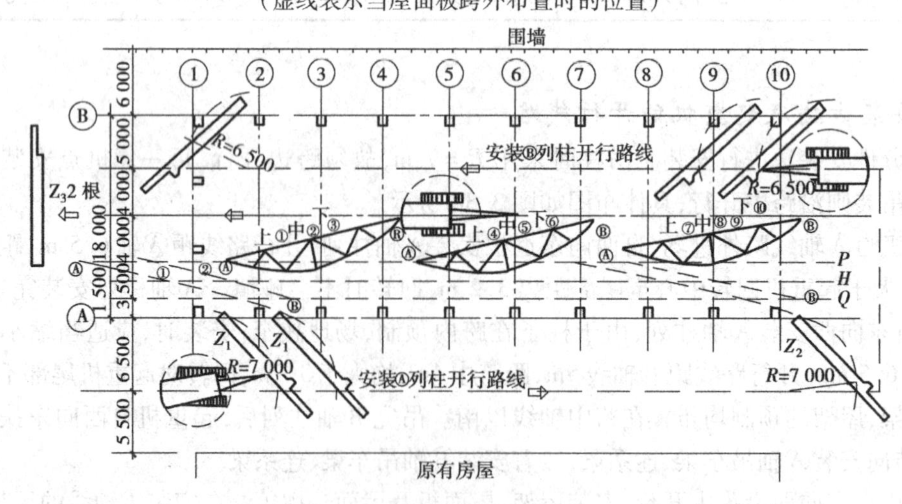

图 3.30　金工车间预制构件安装平面布置图

3)现场预制构件平面布置

①Ⓐ轴柱列,由于跨外场地较宽,采取跨外预制,用三点共弧的安装方法布置。

②Ⓑ轴柱列,距围墙较近,只能在跨内预制,因场地狭窄,不能用三点共圆弧斜向布置,用两点共弧的方法布置。

③屋架采用正面斜向布置,每3~4榀为一叠,靠Ⓐ轴线斜向就位。

3.2 多层装配式混凝土结构施工

3.2.1 多层装配式混凝土结构施工概述

装配式钢筋混凝土框架结构是多层、高层民用建筑和多层工业厂房的常用结构体系之一。梁、柱、板等构件均在工厂或现场预制后进行安装,从而节省了现场施工搭拆模板、混凝土构件成型的工作。不仅节约了模板,而且可以充分利用施工空间进行平行流水作业,加快施工进度;同时,也是实现建筑工业化的重要途径。但该结构体系构件接头较复杂,并且施工时需要相应的起重、运输和安装设备。

多层装配式框架结构吊装的特点是:房屋高度大而占地面积较小,构件类型多、数量大、接头复杂、技术要求较高等。为此,多层装配式混凝土结构施工中应注意起重机械选择、构件的供应、现场平面布置以及安装方法等问题。在考虑结构吊装方案时,应着重解决吊装机械的选择和布置、吊装顺序和吊装方法等。

多层装配式框架结构施工流程如图3.31所示。

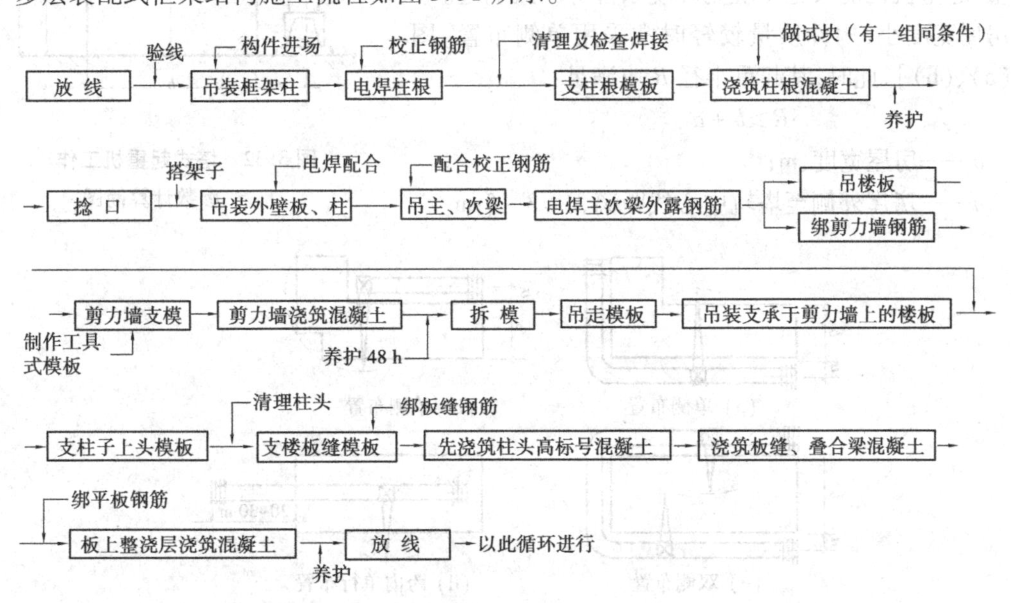

图3.31 多层装配式混凝土结构施工流程

3.2.2 多层装配式混凝土结构施工准备

1) 吊装机械的选择

吊装机械的选择是吊装施工的主导环节,所采用的吊装机械不同,施工方案也各异。

起重机械选择主要根据工程特点(平面尺寸、高度、构件质量和大小等)、现场条件和现有机械设备等来确定。

目前,装配式框架结构安装常用的起重机械有自行式起重机(履带式、汽车式、轮胎式)和塔式起重机(轨道式、自升式)。一般5层以下的民用建筑或高度在18 m以下的多层工业厂房及外形不规则的房屋,宜选用自行式起重机。10层以下或房屋总高度在25 m以下,宽度在15 m以内,构件质量在2~3 t,一般可选用QT1—6型塔式起重机或具有相同性能的其他轻型塔式起重机。

在选择塔式起重机型号时,首先应分析结构情况,绘出剖面图,并在图上标注各种主要构件的质量 Q_i 及安装时所需起重半径 R_i,然后根据现有起重机的性能,验算其起重量、起重高度和起重半径是否满足要求(图3.32)。当塔式起重机的起重能力用起重力矩表示时,应分别计算出吊主要构件所需的起重力矩,$M_i = Q_i \cdot R_i$(kN·m),取其中最大值作为选择依据。

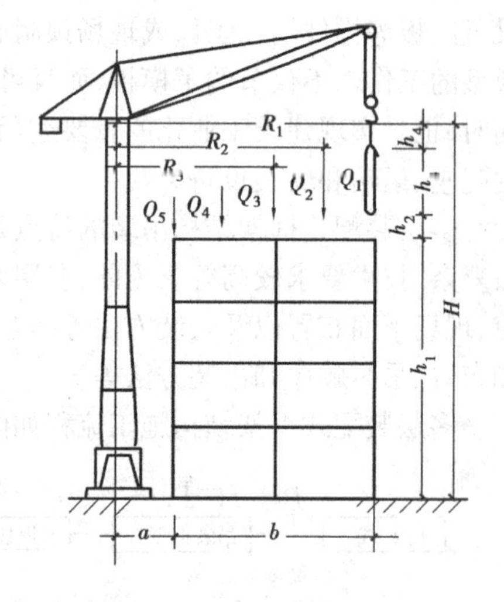

图3.32 塔式起重机工作参数计算简图

起重机械的布置主要应根据建筑物的平面形状、构件质量、起重机性能及施工现场环境条件等因素确定。

房屋宽度小,构件质量较轻时常采用单侧布置[图3.33(a)、(b)],此时,其起重半径 R 应满足:

$$R \geqslant b + a$$

式中 b——房屋宽度,m;

a——房屋外侧至塔轨中心线距离,$a = 3 \sim 5$ m。

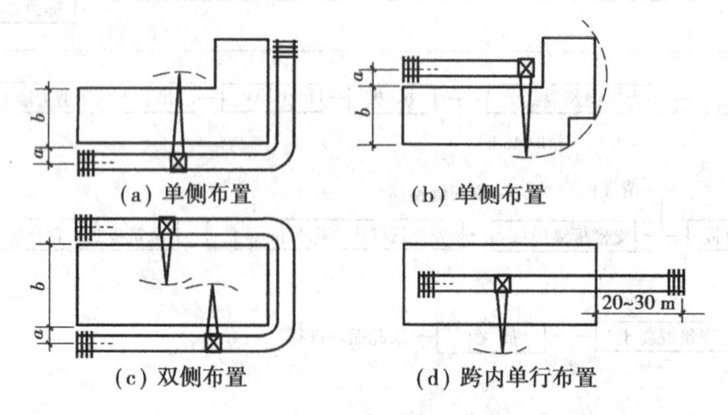

图3.33 塔式起重机布置方案

此种布置的优点是轨道长度较短,并在起重机的外侧有较宽的构件堆放场地。

当建筑物宽度较大($b > 17$ m)或构件较重,单侧布置时起重力矩不能满足最远构件的安装

要求,起重机可双侧(或环形)布置[图3.33(c)],其起重半径 R 应满足:

$$R \geqslant b/2 + a$$

当场地狭窄,在建筑物外侧不可能布置起重机或建筑物宽度较大,构件较重,起重机布置在跨外其性能不能满足安装需要时,也可采用跨内布置[图3.33(d)]。

2)吊装前的准备工作

预制装配的构件在吊装前应做好以下工作:

①检查运来的构件的型号、尺寸、预留钢筋、埋件、外形、长度是否符合图纸设计要求,是否有质量疵病、裂缝等。有问题应及时处理解决。

②弹出柱子3个面的中心线,梁的端头中心线。并根据计算可弹出每层楼面以上50 cm标高线,弹在柱侧面,作吊装时参考。

③计算出构件质量以备吊装参考,并大致确定起吊点位置。准备好电焊机械。

④搭好吊装用架子,以便操作人员施工。

3.2.3　多层装配式混凝土结构施工组织

1)构件的平面布置

装配式框架结构除有些较重、较长的柱需在现场就地预制外,其他构件大多在工厂集中预制后运往施工现场安装。构件的现场布置是否合理,对提高吊装效率、保证吊装质量及减少二次搬运都有密切关系。因此,构件平面布置主要是解决柱的现场预制位置和工厂预制构件运到现场后的堆放。布置原则是:

①尽可能布置在起重机半径范围内,避免二次搬运。

②重型构件靠近起重机布置,中小型构件则布置在重型构件的外侧。

③构件布置地点应与安装就位的布置相配合,尽量减少安装时起重机的移动和变幅。

④构件叠层预制时,应满足安装顺序要求,先安装的底层构件预制在上面,后安装的上层构件预制在下面。

柱为现场预制的主要构件,布置时应首先考虑。根据与塔式起重机轨道的相对位置的不同,其布置方式可分为平行、倾斜和垂直3种(图3.34)。平行布置为常用方案,柱可叠浇,几层柱可通长预制,能减少柱接头的偏差。倾斜布置可用旋转法起吊,适宜于较长的柱。垂直布置适合起重机跨中开行,柱的吊点在起重机的起重半径内。

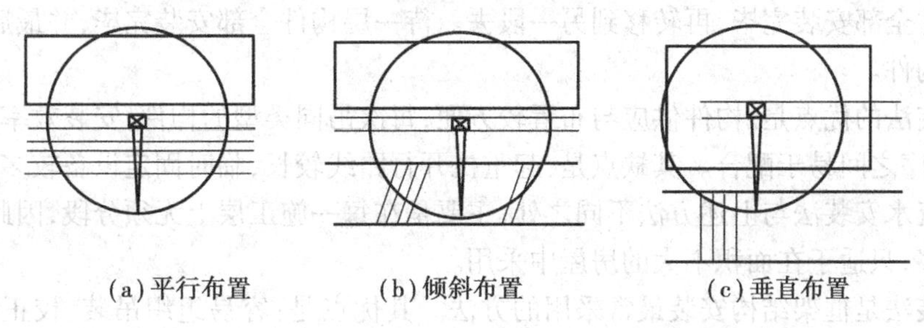

图3.34　使用塔式起重机安装柱的布置方式

图3.35所示是塔式起重机跨外环形吊装一幢5层房屋框架结构的构件布置方案。所有柱

分布在房屋两侧预制,采用两层叠浇,紧靠塔式起重机轨道外侧倾斜布置。为了减少柱的接头和构件数量,将5层框架柱分两节预制。梁、板和其他构件由工厂预制,用汽车运入现场,现场配一台汽车式起重机卸车和堆放在柱外侧。这个布置方案的特点是:重构件(柱)布置靠近起重机,梁、板等轻型构件布置在外边,能有效发挥起重机的起重能力;全部构件均布置在塔式起重机工作范围之内,不需二次搬运;房屋内部和塔式起重机轨道内均不布置构件;有利于文明施工组织。但该方案要求房屋两侧有较宽的场地。

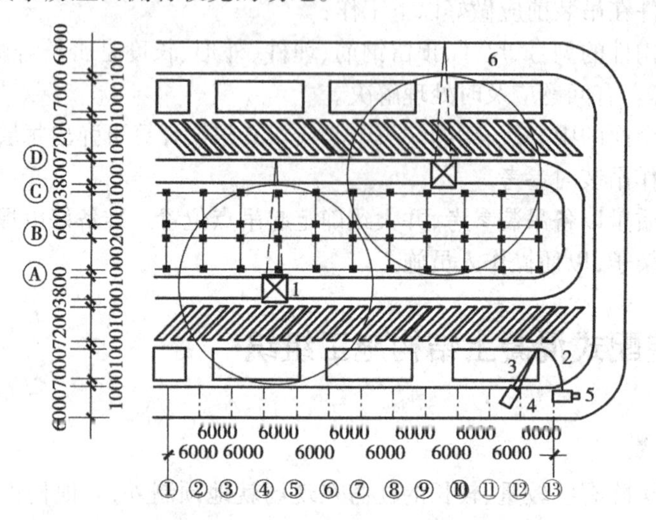

图3.35 塔式起重机跨外环行构件布置图

1—塔式起重机;2—柱预制场地;3—梁板堆放场地;

4—汽车式起重机;5—载重汽车;6—临时道路

2)安装方法

多层框架结构的安装方法,可分为分件安装法与综合安装法两种。

(1)分件安装法

根据其流水方式不同,又可分为分层分段流水安装法和分层大流水安装法。

分层分段流水安装法(图3.36),就是将多层房屋划分为若干施工层,并将每一施工层再划分若干安装段。起重机在每一段内按柱、梁、板的顺序分次进行安装,直至该段的构件全部安装完毕,再转移到另一段去。待一层构件全部安装完毕,并最后固定后,再安装上一层构件。

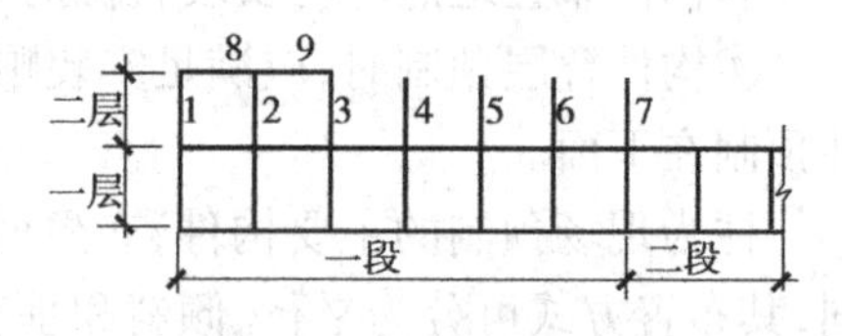

图3.36 分件安装法

(图中1、2、3…为安装顺序)

这种安装法的优点是:构件供应与布置较方便;每次吊同类型的构件,安装效率高;吊装、校正、焊接等工序之间易于配合。其缺点是:起重机开行路线较长,临时固定设备较多。

分层大流水安装法与上述方法不同之处,主要是在每一施工层上无须分段,因此,所需临时固定支撑较多,只适于在面积不大的房屋中采用。

分件安装法是框架结构安装最常采用的方法。其优点是:容易组织吊装、校正、焊接、灌浆等工序的流水作业;易于安排构件的供应和现场布置工作;每次均吊装同类型构件,可提高安装速度和效率;各工序操作较方便安全。

(2)综合安装法

根据所采用吊装机械的性能及流水方式不同,又可分为分层综合安装法与竖向综合安装法。

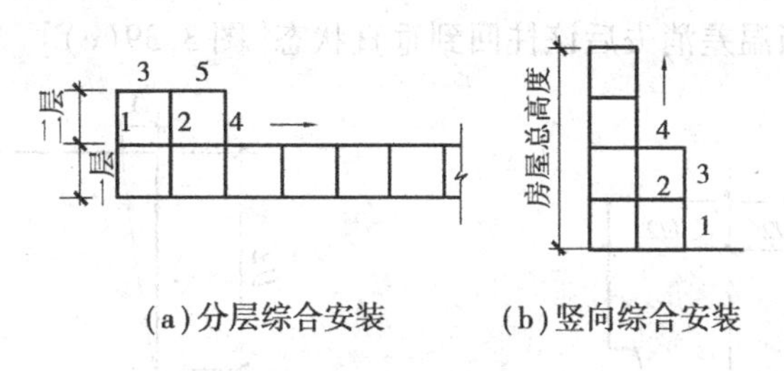

(a)分层综合安装　　(b)竖向综合安装

图 3.37　综合安装法

(图中 1、2、3…为安装顺序)

分层综合安装法[图 3.37(a)],是将多层房屋划分为若干施工层,起重机在每一施工层中只开行一次,首先安装一个节间的全部构件,再依次安装第二节间、第三节间等。待一层构件全部安装完毕并最后固定后,再依次按节间安装上一层构件。

竖向综合安装法,是从底层直到顶层把第一节间的构件全部安装完毕后,再依次安装第二节间、第三节间等各层的构件[图 3.37(b)]。

3)柱的吊装与校正

结构柱截面一般为方形或矩形。为了便于预制和吊装,各层柱的截面应尽量保持不变,而以改变混凝土强度等级来适应荷载变化。当采用塔式起重机进行吊装时,柱长以 1 ~ 2 层楼高为宜;对于 4 ~ 5 层框架结构,若采用履带式起重机吊装,则柱长通常采用一节到顶的方案,柱与柱的接头宜设在弯矩较小的地方或梁柱节点处。每层楼的柱接头应设在同一标高上,以便统一构件的规格,减少构件型号。

框架柱由于长细比过大,吊装时必须合理选择吊点位置和吊装方法,以免在吊装过程中产生裂缝或断裂。通常,当柱长在 12 m 以内时,可采用一点绑扎;当柱长超 12 m 时,则可采用两点绑扎,必要时应进行吊装应力和抗裂度验算。应尽量避免三点或多点绑扎和起吊。柱子起吊方法与单层厂房柱子相同。框架底层柱与基础杯口的连接方法也与单层厂房相同。

柱子垂直度的校正一般用经纬仪、线锤进行。柱的校正需要 2 ~ 3 次,首先在脱钩后电焊前进行初校;在柱接头电焊后进行第二次校正,观测电焊时钢筋受热收缩不均引起的偏差。此外,在梁和楼板安装后还需检查一次,以便消除梁柱接头电焊而产生的偏差。柱在校正时,应力求上下节柱正对以消除积累偏差,但当下节柱经最后校正仍存在偏差,若在允许范围内可以不再作调整。在此情况下吊装上节柱时,一般应使上节柱底部中心线对准下节柱顶中心线和标准中心线的中点(即 $a/2$ 处,见图 3.38),而上节柱的顶部,在校正时仍以标准中心线为准,以此类推。在柱的校正过程中,当垂直度和水平位移均有偏差时,若垂直度偏移较大,则应先校正垂直度,而后校正水平位移,以减少柱顶倾覆的可能性。柱的垂直度允许偏移值 $\leqslant H/1\,000$(H 为柱高),且不大于 10 mm,水平位移允许在 5 mm 以内。

由于多层框架结构的柱子细长,在强烈阳光照射下,温差会使柱产生弯曲变形,因此在柱的校正工作中,通常采取以下措施予以消除:

①在无阳光(如阴天、早晨、晚间)影响下进行校正。

②在同一轴线上的柱,可选择第一根柱(标准柱)在无温差影响下精确校正,其余柱均以此

柱作为校正标准。

③预留偏差。其方法是在无温差条件下弹出柱的中心线。在有温差条件下校正 1/2 处的中心线,使其与杯口中心线垂直[图 3.39(a)],测得柱顶偏移值为 Δ;再在同方向将柱顶增加偏移值 Δ[图 3.39(b)];当温差消失后该柱回到垂直状态[图 3.39(c)]。

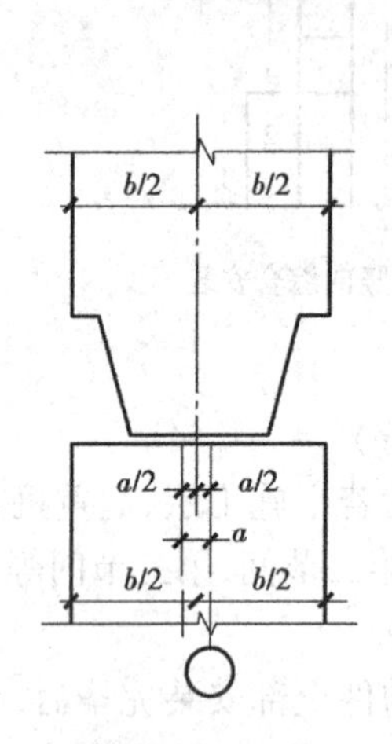

图 3.38　上下节柱校正时中心线偏差调整

a—下节柱顶部中心线偏差;b—柱宽

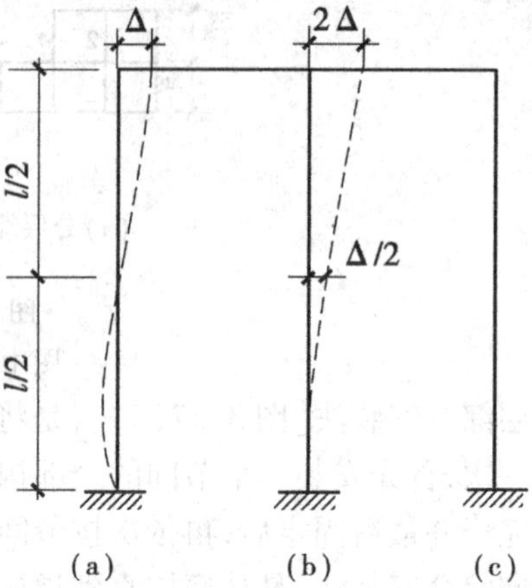

图 3.39　柱校正预留偏差简图

4)构件接头

在多层装配式框架结构中,构件接头的质量直接影响整个结构的稳定和刚度,必须加以充分重视。柱的接头类型有榫接头、浆锚接头、插入式接头和整体式接头。

(1)榫式接头

榫式接头(图 3.40)是上下柱预制时各向外伸出一定长度(不小于 $25d$)的钢筋,上柱底部带有突出的榫头,柱安装时使钢筋对准,用剖口焊焊接,然后用比柱混凝土强度等级高 25% 的细石混凝土或膨胀混凝土浇筑接头。待接头混凝土达到 75% 强度等级后,再吊装上层构件。榫式接头要求柱预制时最好采用通长钢筋,以免钢筋错位难以对接;钢筋焊接时,应注重焊接质量和施焊方法,避免产生过大的焊接应力造成接头偏移和构件裂缝;接头灌浆要求饱满密实,不致下沉、收缩而产生空隙或裂纹。

(2)浆锚接头

浆锚接头(图 3.41)是在上柱底部外伸 4 根长 300 ~ 700 mm 的锚固钢筋,下柱顶部预留 4 个深 350 ~ 750 mm、孔径 $2.5d \sim 4d$(d 为锚固筋直径)的浆锚孔。接头前,先将浆锚孔清洗干净,并注入快凝砂浆;在下节柱的顶面满铺 10 mm 厚的砂浆;最后把上柱锚固筋插入孔内,使上下柱连成整体,也可采用先插入筋,然后进行灌浆或压浆工艺。

(3)插入式接头

插入式接头(图 3.42)是将上节柱做成榫头,下节柱顶部做成杯口,上节柱插入杯口后,用水泥砂浆灌整体。此种接头不用焊接,安装方便,但在大偏心受压时,必须采取构造措施,以防受拉边产生裂缝。

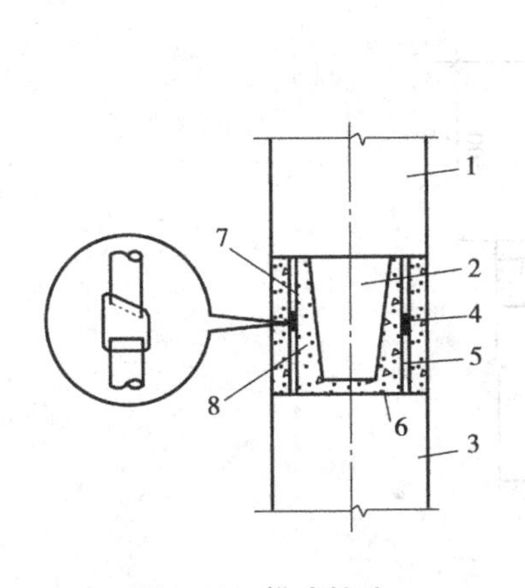

图 3.40 榫式接头

1—上柱；2—上柱榫头；3—下柱；4—剖口焊；5—下柱外伸钢筋；6—砂浆；7—上柱外伸钢筋；8—后浇接头混凝土

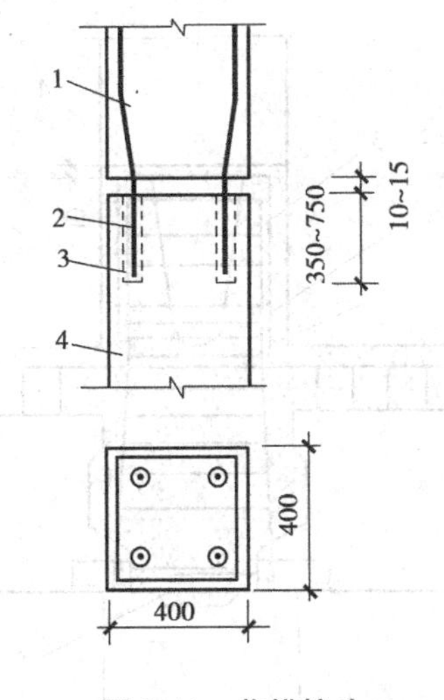

图 3.41 浆锚接头

1—上柱；2—上柱外伸锚固钢筋；3—浆锚孔；4—下柱

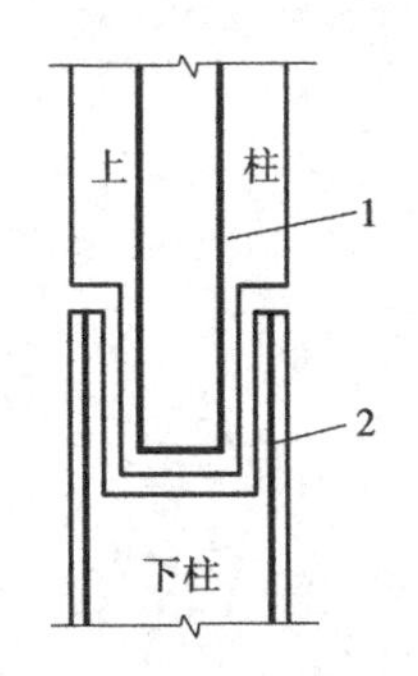

图 3.42 插入式接头

1—榫头纵向钢筋；2—下柱钢筋

至于装配式框架中梁与柱的接头，则视结构设计要求而定，可以做成刚接，也可做成铰接。接头的形式有明牛腿式梁柱接头、暗牛腿式梁柱接头、齿槽式梁柱接头和浇筑整体式梁柱接头。其中，明牛腿式的铰接接头和浇筑整体式的刚接接头，其构造、制作简单，施工方便，故应用较广。

(4)整体式接头

整体式接头是将柱与柱、柱与梁浇筑在一起的刚接节点(图 3.43)，抗震性能好。其具体作法是：柱为每层一节，梁搁在柱上，梁底钢筋按锚固长度要求上弯或焊接。在节点绑扎好箍筋后，浇筑混凝土至楼板面，待混凝土强度达 10 N/mm^2 即可安装上节柱。上节柱与榫式接头相似，上、下柱钢筋单面焊接，然后第二次浇筑混凝土至上柱的榫头上方并留 35 mm 空隙，用细石混凝土捻缝(捻口)，以形成梁柱刚接接头。

3.2.4 多层装配式混凝土结构施工质量验收

多层装配式混凝土结构施工质量验收包括预制构件及构件安装的质量验收，与单层工业厂房施工质量验收内容及要求相同。本节提及的是多层装配式混凝土结构应注意的质量要点。

高层现浇或预制框架除对竖向垂直度要通过测量很好控制外，其可能出现的质量通病有：柱平面位置扭转、柱安装标高不准、柱垂直偏差大、梁标高不准、柱子由于电焊主筋不当而产生表面裂缝、一列梁安装后不直、楼板安装不平、节点清理不干净、混凝土浇筑不实、捻口不密实等质量问题。因此必须在施工中对以下方面工作加以控制：

①柱、梁的中线必须用墨线弹出，弹线前要量准。平面上轴线、中线的放线必须复核无误。

②施工中除检测柱的垂直度外，还应检测构件放置的标高。柱顶标高一致则梁的标高也就得到控制，楼板不平的问题也不会出现。

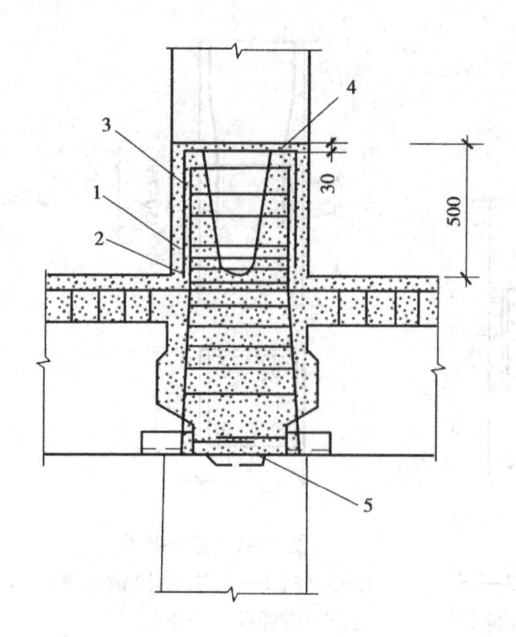

图 3.43　整体式接头

1—定位预埋件;2—ϕ12 定位箍筋;3—单面焊 $4d \sim 6d$;
4—捻干硬性混凝土;5—单面焊 $8d$

③对连接钢筋的电焊,应对称对角施焊,并应适当留置时间间隙,不出现由于钢筋过热而造成柱表面裂缝。

④浇混凝土前整理好所有钢筋,发现问题必须及时处理,符合设计要求后才能绑扎并浇混凝土。

⑤节点浇筑混凝土前,应保证节点内干净和湿润。捻口应派有经验的专人进行,必须控制好捻口的豆石混凝土的配比、水胶比,使捻砸时能达到粘而不稀,不致产生蠕变而不密,也不能太干捏不成团,砸后疏松下落,确保节点连接质量。

⑥进场构件及楼板均应验收,满足质量要求方可安装使用。

3.2.5　多层装配式混凝土结构施工应注意的问题

1) 吊装中的注意事项

①应制定吊装程序,根据施工组织设计再结合工程变化情况编制流水作业方法。

②控制好柱子位置和垂直度,可用两台经纬仪相互垂直观测中心线位置。初步校正后柱头预埋件先点焊临时固定,以备梁安装好后再校正,最终焊牢。

③对柱筋的焊接要采用对角线等速施焊的原则进行。

④注意层高的控制,并要求柱子上已弹出的标高线应在同一水平面上。吊装时可用水准仪配合检查。如有差异可在柱下小柱底垫钢板调整。安装梁时要校核柱顶标高。通过多道控制,达到保证楼层标高的准确。

⑤安装完后,节点浇注前应进行一次全面的质量检查,如位置、标高、焊接等。

2)节点、叠合梁等浇注混凝土时注意事项

①构件预留钢筋要理直,穿入节点要位置准确;叠合梁上穿入钢筋应与预留箍筋绑牢。节点箍筋在人工绑扎困难时,可用电焊连结。钢筋与埋件的焊接必须按图施工,焊接牢固。

②模板支撑按图施工,保证构件最后的断面尺寸。支模要牢固,防止胀模。

③浇筑混凝土前要把节点、叠合面均清理干净,浇水湿润。浇筑时专人负责振捣,分层浇注和分层振捣密实。在节点处,上柱与节点处留出 3 cm 缝,进行捻口,留缝不能太小,位置应准确,宽度一致。

④捻口是人工进行,采用干硬混凝土 1:1:1(浇筑水泥:中砂:小豆石),水胶比控制在 0.3 以内,稠度以手捏成团,落地散开为宜。捻口时以柱中心为中心点,四周转圈绕着捻口,用小锤及捻口用扁錾操作,砸打密实。每次用灰量不要太多,捻灰不实对结构质量危害较大,因此该操作要注意。

⑤叠合梁的叠合面,浇混凝土前除清理、湿润外,还应刷一道素水泥浆,素水泥浆随浇随刷。

⑥对节点,叠合梁上部的混凝土必须专门养护,养护时间不少于 7 d。

3)安全方面应注意的要求

预制构件吊装结构的施工,一般往往不采用外脚手架,而在结构完工后采用吊篮做外墙装饰,所以结构施工中的外围安全很重要。

①首层施工完毕后,就应在结构四周挂设安全网,以后每隔三层挂吊一次。安全网支出墙面应有 0.3 m 以上。

②吊装施工人员必须系安全带、戴安全帽、穿防滑鞋。

③吊装应有人统一指挥,操作人员应服从指挥,严禁违章指挥和违章作业。

④吊装索具、零件在起吊中应经常检查。吊点必须正确。起吊及吊装时,吊件周围及其下方不准站人或操作。

⑤施工中清理的杂物或其他东西不准往楼下抛扔。

⑥电梯井口、楼梯边均应设置防护拦杆,防止误入及在楼梯处坠落。

⑦已吊装好的构件,在吊装另一构件时,操作司机和指挥应集中注意,不要碰撞已吊装好的构件,防止撞倒引起重大事故。

⑧电焊工作必须有电工配合施工,同时注意现场防火工作,采取防火措施。电焊人员要戴面罩和穿防护服,带电焊手套、穿绝缘鞋。

习　题

1. 简述装配式混凝土结构的施工特点及适用范围。
2. 简述单层工业厂房的基本构造。
3. 简述单层工业厂房装配式混凝土结构施工工艺。
4. 简述单层工业厂房装配式混凝土结构施工准备。
5. 简述装单层工业厂房装配式混凝土结构构件的安装过程。
6. 简述柱起吊旋转法和滑行法及其施工特点。
7. 简述柱的校正及最后固定。

8. 简述多层装配式混凝土框架结构施工工艺流程。
9. 简述塔式起重机选型步骤。
10. 简述多层框架结构分件安装法及其特点。
11. 简述多层框架结构综合安装法及其特点。
12. 简述多层装配式框架结构接头类型及其各自施工要点。
13. 简述多层装配式混凝土结构施工质量通病。

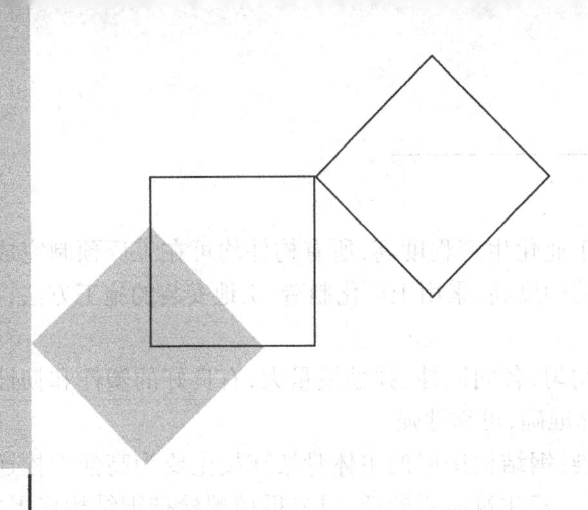

4 钢结构房屋施工

本章导读：

- **基本要求** 了解钢结构房屋特点；掌握钢结构房屋施工主要内容；掌握钢结构的加工与制作；掌握结构形式不同的钢结构安装方法；掌握钢结构房屋施工准备；掌握钢结构房屋安装施工组织；掌握钢结构房屋施工质量验收的一般程序和主要工作。
- **重点** 钢结构房屋施工主要内容；钢结构的加工与制作；不同形式钢结构安装方法；钢结构房屋施工准备；钢结构房屋安装施工组织；钢结构房屋施工质量验收一般程序和主要工作。
- **难点** 钢结构的加工与制作；不同形式钢结构安装方法；钢结构房屋施工准备；钢结构房屋安装施工组织。

4.1 钢结构房屋概述

用钢材建造的工业与民用建筑设施称为钢结构房屋，钢结构房屋广泛应用于单层工业厂房、仓库、商业建筑、办公大楼、多层停车场及民用住宅等建筑物。钢结构房屋通常以等截面或变截面 H 型钢为承重主体，通过螺栓或焊缝等方式固定檩条及柱间支撑等辅助连接件，屋面采用彩色压型钢板或夹芯彩钢板围护，墙面可以采用钢板，也可采用砖墙等其他类型的墙体材料。

钢结构房屋与传统建筑结构相比具有诸多优越特性：

①用途广泛：适用于工厂、仓库、办公楼、体育馆、飞机库等。既适合单层大跨度建筑，也可用于建造多层或高层建筑。

②质量轻，强度高，跨度大：钢的容重虽较大，但钢材材料强度高，与其他建筑材料相比，钢材的容重与屈服点的比值最小，房屋自重小，钢结构房屋的自重仅为混凝土结构的 1/8 ~1/3，

可大大降低基础的造价。

③施工工期短,相应降低投资成本:工业化生产程度高,所有构件均可在工厂预制完成,现场只需简单拼装,能成批大量生产,制造精确度高,采用工厂化制造、工地安装的施工方法,可大大缩短工期,提高经济效益。

④抗震性能好,安全可靠:钢材质地均匀,各向同性,弹性模量大,有良好的塑性和韧性,为理想的弹性-塑性体,因此钢结构房屋计算准确,可靠性强。

⑤拆卸方便,可重复利用,回收无污染:钢结构房屋的主体骨架连接主要为高强螺栓连接,围护板为自攻钉连接,拆卸回收均较方便。若建筑需要搬迁,只要拆掉螺栓把钢结构房屋构件运到需要的地方,重新组合即可。

4.1.1 钢结构施工概述

钢结构施工主要涉及钢材材质、焊缝连接工程、螺栓连接工程、钢材加工与制作、钢结构安装、涂装工程等工作。其中钢结构安装工程将在第4.3节中详细介绍。

1)钢结构的材料要求

钢结构的原材料是钢。钢的种类繁多,性能差别很大,适用于钢结构的钢只是其中的一小部分。应用于钢结构的钢材必须符合下列要求:

①较高的抗拉强度f_u和屈服点f_y。屈服点f_y是衡量结构承载能力的指标,f_y高则可减轻结构自重,节约钢材和降低造价。抗拉强度f_u是衡量钢材经过较大变形后的抗拉能力,它直接反映钢材内部组织的优劣,同时抗拉强度高可以增加结构的安全保障。

②较高的塑性和韧性。塑性和韧性好,结构在静载和动载作用下有足够的应变能力,既可减轻结构脆性破坏的倾向,又能通过较大的塑性变形调整局部应力,同时又有较好的抵抗重复荷载作用的能力。

③良好的工艺性能(包括冷加工、热加工和可焊性能)。良好的工艺性能要求钢材不但要易于加工成各种形式的结构,而且不致因加工而对结构的强度、塑性、韧性等造成较大的不利影响。

此外,根据结构的具体工作条件,有时还要求钢材具有适应低温、高温和腐蚀性环境的能力。

按以上要求,钢结构设计规范具体规定:承重结构的钢材应具有抗拉强度、伸长率、屈服点和碳、硫、磷含量的合格保证;焊接结构尚应具有冷弯试验的合格保证;对某些承受动力荷载的结构以及重要的受拉或受弯的焊接结构尚应具有常温或负温冲击韧性的合格保证。

2)焊缝连接工程(焊接工程)

焊接是将需要连接的钢板,在接合处用高温熔合在一起。焊接这种连接方式灵活方便,构造简单,不削弱杆件截面,节省钢材,刚度大,密封性好,在工厂易于采用自动化操作,焊接质量有保障,可以得到较为美观和简洁的结构外形,造价也较低。但焊接易产生残余应力和残余变形,对受压构件的局部稳定和整体稳定有影响,此外,现场焊接一般需人工施焊,工作强度大,对疲劳和脆断较为敏感,施工质量较难控制。因此,应根据节点是在工地焊接还是在现场焊接,选择焊接的接头形式并采用合理的构造措施。钢结构制作与安装队伍在焊接前应制订合理的焊接工艺以保证焊接质量,并对焊缝进行探伤检查。

焊接是钢结构施工的一道关键工序,与其他行业相比,钢结构焊接具有自身的特点与难点,主要表现在:

①钢结构型材的多样性,使焊接接头的截面形式也随之多样化,因而带来了许多焊接难题。工字钢、槽钢、角钢是工程结构中使用最早的型钢,之后截面性能优良的H型钢、钢管、网架节点球等型材相继问世并大量应用于钢结构建筑中,从而使钢构件间的焊接节点形式变得多样而复杂。对不同板厚不同截面的节点焊接,必须采取不同的焊接工艺,进行良好的焊接变形控制,消除焊接残余应力,才能使焊缝质量得到有效保证。

②应用于钢结构工程的钢构件材质日益多样,使焊接工艺参数的确定变得困难。不同钢材的化学成分、机械性能是不同的,焊接材料应与钢构件的材质相适应,以保证焊接节点的强度、刚度等要求。对于异种钢材的焊接,还应考虑不同基体金属的不同成分组织,选择合适的焊接工艺参数及焊接方法,确保接头界面组织能有效熔合。

③钢结构焊接的施工条件较复杂。建筑工程具有流动性大的突出特点,单从钢结构焊接工程来讲,不同工程的不同地理条件造成了不同的焊接环境条件。焊接环境是影响焊接质量的一个重要因素:一方面,复杂的节点构造、恶劣的焊接环境增大了焊工的操作难度;另一方面,温差大、空气湿度大的环境使得焊缝成形、焊缝保养等难度增大。因此,如何在复杂条件下保证焊接质量是焊接施工需要克服的一个难题。

3)螺栓连接工程(螺栓工程)

螺栓连接是钢结构建筑中主要的连接方式,分为普通螺栓连接和高强度螺栓连接两种形式。

建筑钢结构中使用的普通螺栓,一般为六角头螺栓。

普通螺栓的通用规格为M8、M10、M12、M16、M20、M24、M30、M36、M42、M48、M56和M64等。

普通螺栓质量等级按螺栓加工制作的质量及精度公差分A、B、C三个等级。A级的加工精度最高,C级最差。A、B级螺栓为精制螺栓,C级为粗制螺栓。钢构件之间螺栓连接的抗拉强度与螺栓的质量等级有关,其抗剪强度及承压强度还与连接板上的螺栓孔孔壁质量有关。

高强度螺栓分为两种受力类型:

(1)摩擦型高强度螺栓

摩擦型高强度螺栓是靠连接板件之间的摩擦阻力传递剪力,以摩擦阻力刚被克服作为连接承载力的极限状态。

(2)承压型高强度螺栓

承压型高强度螺栓是当剪力大于摩擦阻力后,以栓杆被剪断或连接板被挤坏作为承载力极限状态,其计算方法基本上同普通螺栓,它的承载力极限值大于摩擦型高强度螺栓。相应地,《钢结构设计规范》(GB 50017)规定承压型高强度螺栓用于承受静载的结构,这是由于剪力大于摩擦阻力后螺栓将产生滑移,不宜用于承受动荷载(如抗震建筑)的构件连接。

高强度螺栓分大六角头型(图4.1)和扭剪型(图4.2)两种。虽然这两种高强度螺栓预拉力的具体控制方法各不相同,但对螺栓施加预拉力总的思路都是一样的,都是通过拧紧螺帽,使螺杆受到拉伸作用,产生预拉力,而被连接板件之间则产生压紧力。

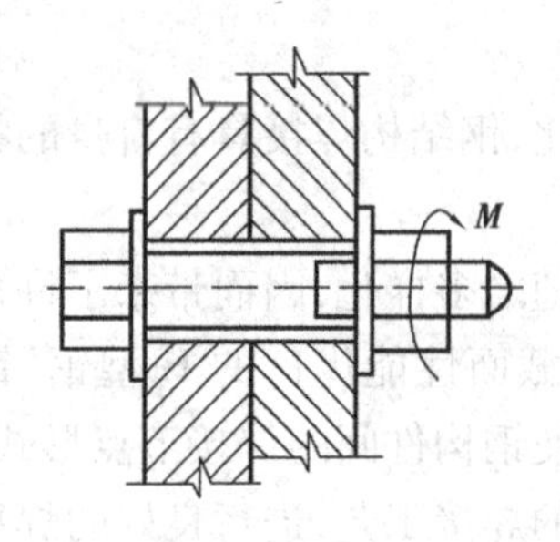

图4.1　大六角头型高强度螺栓

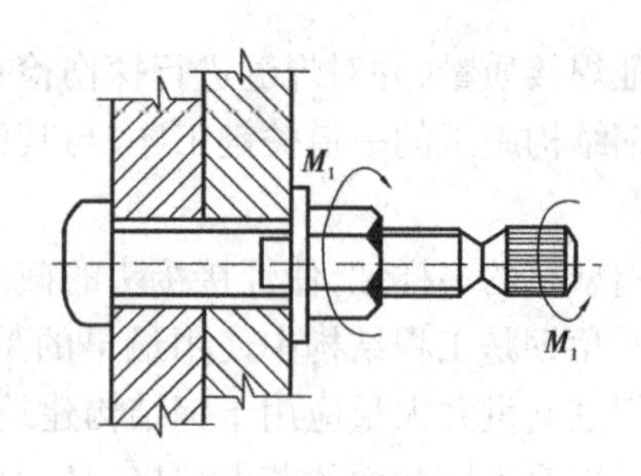

图4.2　扭剪型高强度螺栓

4)钢结构的加工与制作

(1)工艺流程

钢结构制作的工序较多,所以对加工顺序要周密安排,尽可能避免或较少工件倒流,以减少往返运输和周转时间。由于制作厂设备能力和构件的制作要求各有不同,所以工艺流程略为不同。

对于有特殊加工要求的构件,应在制作前制订专门的加工工序,编制专项工艺流程和工序工艺卡。

(2)放样、样板和样杆

放样工作包括如下内容:核对图纸的安装尺寸和孔距;以1∶1的大样放出节点;核对各部分的尺寸;制作样板和样杆作为下料、弯制、铣、刨、制孔等加工的依据。

(3)划线与切割

划线也称号料,即利用样板、样杆或根据图纸,在板料及型钢上画出孔的位置和零件形状的加工界线。号料的一般工作内容包括:检查核对材料;在材料上划出切割、铣、刨、弯曲、钻孔等加工位置;打冲孔;标注出零件的编号等。

钢材下料的方法有氧割、机切、冲模落料和锯切等。施工中应该根据各种切割方法的设备能力、切割精度、切割表面的质量情况和经济性等因素来具体选定切割方法。一般情况下,钢板厚度在12 mm以下的直线性切割,采用剪切下料。气割多数是用于带曲线的零件或厚钢板的切割。各类型钢及钢管等的下料通常采用锯割,但一些中小型的角钢和圆钢等,也常常采用剪切或气割的方法。等离子切割主要用于不易氧化的不锈钢材料及有色金属如铜或铝等的切割。

(4)边缘加工和端部加工

在钢结构加工中,图纸要求或下述部位一般需要边缘加工。

①吊车梁翼缘板、支座支承面等图纸有要求的加工面。

②焊接坡口。

③尺寸要求严格的加劲板、隔板、腹板和有孔眼的节点板等。

常用的边缘加工方法主要有铲边、刨边、铣边、碳弧气刨、气割和坡口机加工等。

(5)弯制成形

在钢结构制作中,弯制成形的加工主要是卷板(滚圆)、弯曲(煨弯)、折边和模具压制等几种加工方法。弯制成形的加工工序是由热加工或冷加工来完成的。把钢材加热到一定温度后进行的加工方法,通称热加工。钢材在常温下进行加工制作,通称冷加工。冷加工绝大多数是利用机械设备和专用工具进行的。

(6)制孔

制孔通常有钻孔和冲孔两种方法。钻孔是钢结构制造中普遍采用的方法,能用于几乎任何规格的钢板、型钢的孔加工。钻孔的原理是切削,孔的精度高,对孔壁损伤较小。冲孔一般只用于较薄钢板和非圆孔的加工,而且要求孔径一般不小于钢材的厚度。冲孔生产效率虽高,但由于孔的周围产生冷作硬化,孔壁质较差等原因,在钢结构制造中已较少采用。

(7)组装

组装,也称拼装、装配、组立。组装工序是把制备完成的半成品和零件按图纸规定的运输单元,装配成构件或者部件,然后将其连接成为整体的过程。

钢结构构件组装的方法如下:

①地样法。用1:1的比例在装配平台上放出构件实样,然后根据零件在实样上的位置,分别组装起来成为构件。此装配方法适用于桁架、构架等小批量结构的组装。

②仿形复制装配法。先用地样法组装成单面(单片)的结构,然后定位点焊牢固,将其翻身,作为复制胎模,在其上面装配另一单面的结构,往返两次组装。此种装配方法适用于横断面互为对称的桁架结构。

③立装。立装是根据构件的特点及其零件的稳定位置,选择自上而下或自下而上地装配。此法用于放置平稳、高度不大的结构或者大直径的圆筒。

④卧装。卧装是将构件放置卧的位置进行的装配。卧装适用于断面不大,但长度较大的细长的构件。

⑤胎模装配法。胎模装配法是将构件的零件用胎模定位在其装配位置上的组装方法。此种装配法适用于制造构件批量大、精度高的产品。

(8)矫正

钢结构矫正就是通过外力或加热作用,使钢材较短部分的纤维伸长;或使较长部分的纤维缩短,最后迫使钢材反变形,以使材料或构件达到平直及一定几何形状要求,并符合技术标准的工艺方法。

矫正的主要形式有:a. 矫直,消除材料或构件的弯曲;b. 矫平,消除材料或构件的翘曲凹凸不平;c. 矫形,对构件的一定几何形状进行整形。

(9)钢结构的热处理及预拼装

①钢结构的热处理

焊接构件由于焊缝的收缩产生很大的内应力,构件容易产生疲劳和时效变形。在一般构件中,由于低碳钢和低合金钢的塑性较好,可由应力重新分配抵消部分疲劳影响,时效变形在一般构件中影响不大,因此不需进行退火处理。但对精度要求较高的机械骨架、齿轮箱体等,就需进行退火处理。

②振动时效处理

振动时效技术又称振动消除应力法,简称 VSR 技术,是消除残余应力、防止工件变形与开裂的另一种工艺方法。振动时效技术的实施过程主要通过振动时效装置,采用共振的办法,将铸造、锻压、焊接的金属构件振动处理15～40 min,引起构件微小塑性变形,促使其内部残余应力降低或均化。此种工艺方法能满足金属工件消除、降低、均化残余应力的需要,有效地保证和提高各类零件、构件尺寸精度的稳定性,较好地解决工件时效开裂、翘曲、变形的问题。

振动时效装置操作方便,效果直观,能耗低,节能95%,效率高,时效效果好。智能振动时效装置可编程、智能化、多功能、全自动操作,效果不受人工因素影响。振动时效不受工件形状、重量、尺寸大小及场地限制,应用范围广泛。

③钢结构预拼装

预拼装时，构件与构件的连接形式为螺栓连接，其连接部位的所有节点连接板均应装上，除检查各部位尺寸外，还应用试孔器检查板叠孔的通过率，并应符合下列规定：

a. 当采用比孔公称直径小 1.0 mm 的试孔器检查时，每组孔的通过率不应小于 85%；

b. 当采用比螺栓公称直径大 0.3 mm 的试孔器检查时，通过率应为 100%。

(10)成品的表面处理及油漆

①高强螺栓摩擦面的处理

摩擦面的加工是指使用高强度螺栓作连接节点处的钢材表面加工，高强度螺栓摩擦面处理后的抗滑移系数值必须符合设计文件的要求(一般为 0.45 ~0.55)。摩擦面的处理一般有喷砂、喷丸、酸洗、砂轮打磨等几种方法，加工单位可根据各自加工方法。在上述几种方法中，以抛丸、喷砂处理过的摩擦面的抗滑移系数值较高，且离散率较小，故为最佳处理方法。

②钢构件的表面处理

钢构件在涂层之前应进行除锈处理，锈除得干净则可提高底漆的附着力，直接关系到涂层质量的好坏。构件表面的除锈方法分为喷射、抛射除锈和手工或动力工具除锈两大类。构件的除锈方法与等级应与设计文件采用的涂料相适应。

③钢结构的油漆

钢结构的油漆应注意下述事项：

a. 涂料、涂装遍数、涂层厚度均应符合设计文件和涂装工艺的要求；

b. 涂装时的环境温度和相对湿度应符合涂料产品说明书的要求；

c. 配置好的涂料不宜存放过久，涂料应在使用当天配置；

d. 施工图中注明不涂装的部位不得涂装。安装焊缝处应留出 30 ~50 mm 暂不涂装；

e. 涂装应均匀，无明显起皱、流挂，附着应良好。

涂装完毕后，应在构件上标注构件的原编号。大型构件应标明其质量、构件重心位置和定位标记。

(11)防腐涂装工程

①常用防腐蚀材料：

a. 防腐蚀材料有底漆、中间漆、面漆、稀释剂和固化剂等；

b. 防腐蚀涂料有油性酚醛涂料、醇酸涂料、高氯化聚乙烯涂料、氯化橡胶涂料、氯磺化聚乙烯涂料、环氧树脂涂料、聚氨酯涂料、无机富锌涂料、有机硅涂料、过氯乙烯涂料。

②质量要求：

各种防腐蚀材料应符合国家有关技术指标的规定，应具有产品出厂合格证。防腐蚀涂料的品种、规格及颜色选用应符合设计要求。

4.1.2 钢结构安装概述

1)安装技术

(1)安装重要性

建筑钢结构近年来在我国得到蓬勃的发展，体现了钢结构在建筑方面的综合效益，从一般钢结构发展到高层和超高层结构、大跨度空间钢结构——网架、网壳、空间桁架、悬索即杂交空间结构、张力膜结构、预应力钢结构、钢筋混凝土组合结构、轻型钢结构等。

从材料、制作、安装到成品，对不同的结构都各有差异，就安装方法而言，如何科学地根据多种因素在质量优良、安全生产、成本低廉的条件下采取最优方案是技术专家和经济学家关心的问题，是直接关系到建筑安全的大事。

(2)安装方法

针对钢结构的结构形式需用合理的安装工艺。

①一般单层工业厂房钢结构工程

安装分两段进行：第一阶段用“分件流水法”：安装钢柱→柱间支撑→吊车梁(或连系梁等)；第二阶段用“节间综合法”安装屋盖系统。

②高层及超高层钢结构工程

根据结构平面选择适当位置先做样板间成稳定结构，采用“节间综合法”：钢柱→柱间支撑(或剪力墙)→钢梁(主、次梁、隅撑)，由样板间向四周发展，然后采用“分件流水法”。

③网架结构

一般都指平板型网架结构，其安装方法根据网架受力和构造特点，在满足质量、安全、进度和经济效果的前提下，结合当地的施工技术条件综合确定，分别有高空散装法、分条分块安装法、高空滑移法、逐条积累滑移法、整体吊装法、整体提升法和整体顶升法。

④网壳结构

安装方法可沿用网架施工的多种方法，但可根据某种网壳的特点而选用特殊的安装方法，从而达到优质安全及经济合理的要求。

对于球面网壳，可采用“内扩法”：即可逐圈向内拼装，利用开口壳来支承壳体自重，这种方法视网壳尺寸大小，应经过验算确定是否用无支架拼装或小支架拼装法；也可采用“外扩法”：即在中心部位立一个提升装置，从内向外逐圈拼装，随提升随拼装，直至拼装完毕，即同时提升到设计位置。为防止网壳变形，吊点要经过计算确定其位置及点数。

⑤悬索结构

根据结构形式分单向单层悬索屋盖、单向双层悬索屋盖、双层辐射状悬索屋盖、双向单层(索网)悬索屋盖，不同的悬索结构采取不同的钢索制作及张拉工艺。

2)主要施工设备

(1)大型起重设备

在多层与高层钢结构安装施工中，以塔式起重机、履带式起重机、汽车式起重机为主。

①塔式起重机

塔式起重机，又称塔吊，有行走式、固定式、附着式与内爬式几种类型。塔式起重机由提升、行走、变幅、回转等机构及金属结构两大部分组成，其中金属结构部分的重量占起重机重量的很大比例。塔式起重机具有提升高度高，工作半径大，动作平稳，工作效率高等优点。随着建筑机械技术的发展，大吨位塔式起重机的出现，弥补了塔式起重机起重量不大的缺点。

②履带式起重机

履带式起重机，是利用履带自行的动臂旋转起重机，常用于高层高跨房屋的吊装施工。履带式起重机由动力装置、工作机构以及动臂、转台、底盘等组成。其特点是操纵灵活，本身能回转 360°，在平坦坚实的地面上能负荷行驶。由于履带的作用，可在松软、泥泞的地面上作业，且可以在崎岖不平的场地行驶。缺点是稳定性较差，不应超负荷吊装，行驶速度慢且履带易损坏路面。

③汽车式起重机

汽车式起重机是装在普通汽车底盘或特制汽车底盘上的一种起重机,其行驶驾驶室与起重操纵室分开设置。这种起重机的优点是机动性好,转移迅速。缺点是工作时须支腿,不能负荷行驶,也不适合在松软或泥泞的场地上工作。

(2)其他施工机具

在钢结构施工中,除了塔式起重机、汽车式起重机、履带式起重机外,还会用到以下一些机具,如千斤顶、电动葫芦、卷扬机、滑车及滑车组、钢丝绳、电焊机、全站仪、经纬仪等。

4.2 钢结构房屋施工准备

4.2.1 钢结构深化设计

1)钢结构深化设计的内容

我国的建筑钢结构工程设计采用的是两阶段设计法。第一阶段是由建筑工程设计单位施行结构设计,确定构件截面大小和计算出各种工况条件下的结构内力。第二阶段就是由施工和钢结构制作单位根据设计单位的结构设计方案进行钢结构工程的深化设计,编撰深化设计图纸。

深化设计图纸是构件下料、加工和安装的依据。深化设计主要包括构造设计、节点设计和连接节点的计算。深化设计图纸数量多,主要包括装配图、构件加工图和节点详图。详图设计中尚需补充进行部分构造设计与连接计算,一般包括以下内容:

(1)结构构件的构造设计

结构构件的构造设计主要是根据现行《钢结构设计规范》(GB 50017)中的构造规定,细化结构设计主要有以下几方面内容:桁架、支撑等节点板设计与放样;桁架或大跨实腹梁起拱构造与设计;梁支座加劲肋或纵横加劲肋构造设计;组合截面构件缀板、填板布置、构造;板件、构件变截面构造设计;螺栓群或焊缝群的布置与构造;拼接、焊接坡口及构造切槽构造;张紧可调圆钢支撑构造;隅撑、弹簧板、椭圆孔、板铰、滚轴支座、橡胶支座、抗剪键、托座、连接板、刨边及打孔等细部构造;构件运送单元横隔设计。

(2)钢结构安装施工时的构造设计

钢结构安装施工时的构造设计主要根据现行《钢结构设计规范》(GB 50017)和《钢结构工程施工质量验收规范》(GB 50205)中的构造规定。如一些方便安装施工临时固定加劲板,主要有以下几种常见内容:施工施拧最小空间构造、现场组装的定位、焊接夹具耳板等设计、安装临时固定加劲板。

(3)构造及连接计算

构造及连接计算主要是根据现行《钢结构设计规范》(GB 50017)中的规定进行计算。如遇到规范中尚未规定的特殊计算内容,需连同设计、业主和施工承包方共同协商采用试验或电脑仿真计算为工程构造及连接计算提供依据。主要有以下几种常见内容:一般连接节点的焊缝长度与螺栓数量计算;小型拼接计算;材料或构件焊接变形调整余量及加工余量计算;起拱拱度、高强度螺栓连接长度、材料量及几何尺寸与相贯线等计算。

2)*深化设计与结构设计的互动关系*

钢结构深化设计是以设计单位的结构计算和设计为主要依据而进行的,但这并不表示深化设计就完全受结构设计的制约。由于钢结构建筑近几年发展较快,而且兴建的结构形式多为大跨复杂空间结构或超高层结构,因此如何安全、合理地实现构造复杂的结构和节点设计成为钢结构工程的难点。钢结构的深化设计过程中要充分考虑构件制作和安装因素,同结构设计形成良好的互动关系,不断完善、调整结构设计方案,保证建设工程优质、高效地进行。

4.2.2 施工组织与管理准备

①在了解和掌握总承包施工单位编制的施工组织总设计中对地下结构与地上结构施工、主体结构与裙房施工、结构与装修、设备施工等安排的基础上,重点择优选定钢结构安装的施工方法和施工机具,编制好钢结构安装的施工组织设计。

②明确承包项目范围,签订分包合同。

③确定合理的劳动组织,进行专业人员技术培训工作。

④进行施工部署安排,对工期进度、施工方法、质量和安全要求等进行全面交底。对于需要采用的新材料、新技术,应组织力量进行试制、试验工作(如厚钢板焊接等)。

4.2.3 物质准备

①加强与钢构件加工单位的联系,明确由工厂预组拼的部位和范围及供应日期。

②钢结构安装中所需各种附件的加工订货工作和材料、设备采购等工作。

③各种机具、仪器的准备。

④按施工平面布置图要求,组织钢构件及大型机械进场,并对机械进行安装及试运行。

4.2.4 其他准备工作

充分了解现场情况。钢结构的安装一般均作为分包源及项目进行,因此,对现场施工场地可堆放构件的条件、大型机械运输设备进出场条件、水源及电源供应和消防设施条件、暂设用房条件等,需要进行全面了解,统一规划。

另外,对自然气候条件,如温差、风力、湿度及各个季节的气候变化等进行了解,掌握气候条件,以便于采取相应技术措施。

4.3 钢结构房屋安装施工组织

4.3.1 单层工业厂房钢结构工程施工组织

钢结构的厂房主要是指主要的承重构件是由钢材组成的,包括钢柱子、钢梁、钢结构基础、钢屋架、钢屋盖,注意钢结构厂房的墙也可以采用砖墙维护。钢结构厂房可以分轻型和重型钢结构厂房。钢构件可以在工厂预先制作好并运输至现场,也可在现场拼装。单层钢结构工业厂房的施工工艺流程如图4.3所示,其中钢柱、梁等构件的吊装工程仍是施工中的核心环节。

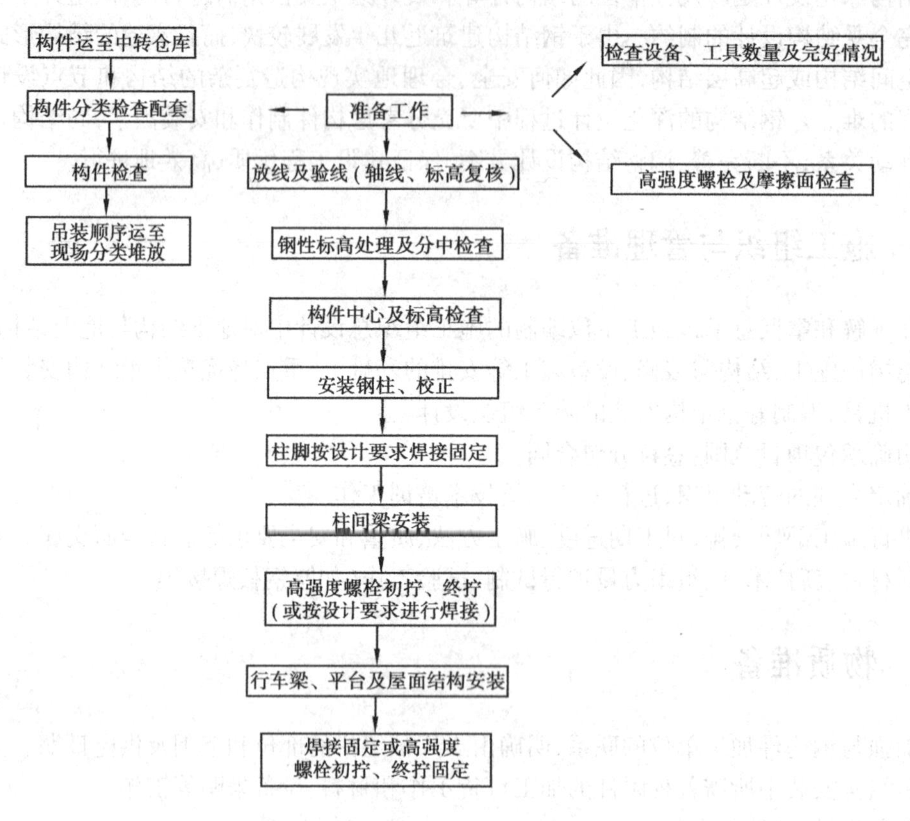

图4.3　单层工业厂房钢结构工程施工工艺流程

1)钢柱的安装

一般钢柱弹性和刚性都很好,吊装时为了便于校正一般采用一点吊装法,常用的钢柱吊装法有旋转法、递送法和滑行法。对于重型钢柱可采用双机抬吊。

钢柱的校正包括:

①柱基标高调整。根据钢柱实际长度、柱底平整度、钢牛腿顶部距柱底部的距离,重点保证钢牛腿顶部标高值,以此来控制基础找平标高。

②平面位置校正。在起重机不脱钩的情况下,将柱底定位线与基础定位轴线对准缓慢落至标高位置。

③钢柱校正。优先采用缆风绳校正(同时柱脚底板与基础间间隙垫上垫铁),对于不便采用缆风绳校正的钢柱可采用可调撑杆校正。

2)钢吊车梁的安装

钢吊车梁安装一般采用工具式吊耳或捆绑法进行吊装。在进行安装前应将吊车梁的分中标记引至吊车梁的端头,以利于吊装时按柱牛腿的定位轴线临时定位。

钢吊车梁的校正包括标高、纵横轴线和垂直度的调整。注意钢吊车梁的校正必须在结构形成刚度单元以后才能进行。

①经纬仪将柱子轴线投到吊车梁牛腿面等高处，据图纸计算出吊车梁中心线到该轴线的理论长度$L_{理}$。

②每根吊车梁测出两点，用钢尺和弹簧秤校核这两点到柱子轴线的距离，以此对吊车梁纵轴进行校正。

③吊车梁纵横轴线误差符合要求后，复查吊车梁跨度。

④吊车梁的标高和垂直度的校正可通过对钢垫板的调整来实现。

应注意的是，吊车梁的垂直度的校正应和吊车梁轴线的校正同时进行。

3)钢屋架的吊装

钢屋架侧向刚度较差，安装前需要进行强度验算，强度不足时应进行加固(图4.4)。钢屋架吊装时的注意事项如下：

①绑扎时必须绑扎在屋架节点上，以防止钢屋架在吊点处发生变形。绑扎节点的选择应符合钢屋架标准图要求或经设计计算确定。

②屋架吊装就位时，应以屋架下弦两端的定位标记和柱顶的轴线标记严格定位，并点焊加以临时固定。

③第一榀屋架吊装就位后，应在屋架上弦两侧对称设缆风绳固定，第二榀屋架就位后，每坡用一个屋架间调整器，进行屋架垂直度校正，再固定两端支座处并安装屋架间水平及垂直支撑。

钢屋架垂直度的校正方法如下：在屋架下弦一侧拉一根通长钢丝(与屋架下弦轴线平行)，同时在屋架上弦中心线反出一个同等距离的标尺，用线锤校正。也可用一台经纬仪，放在柱顶一侧，与轴线平移Q距离，在对面柱子上同样有一距离为Q的点，从屋架中线处用标尺挑出Q距离，三点在一个垂面上即可将屋架垂直(图4.5)。

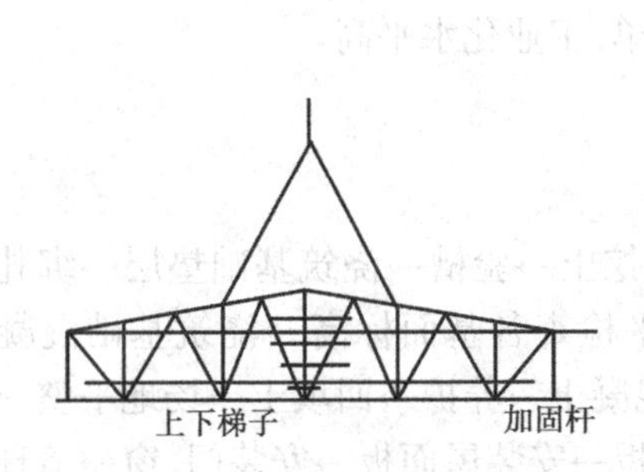

图4.4　钢屋架吊装示意图

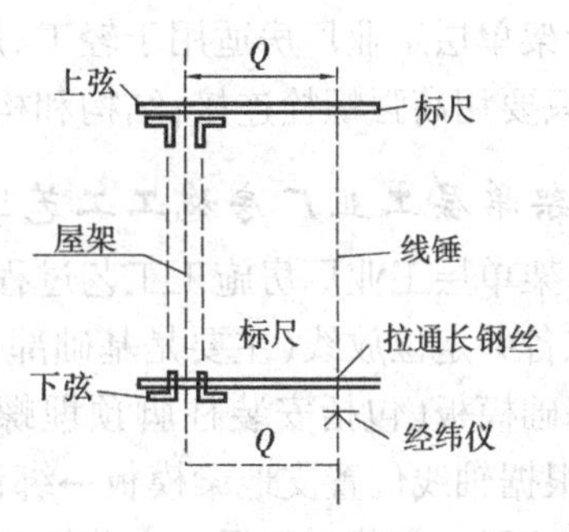

图4.5　钢屋架垂直度校正示意图

4)一般单层钢结构安装要点

(1)构件吊装顺序

①最佳的施工方法是先吊装竖向构件，后吊装平面构件，这样施工的目的是减少建筑物的纵向长度安装累积误差，保证工程质量。

②竖向构件吊装顺序：柱(混凝土、钢)→连系梁(混凝土、钢)→柱间钢支撑→吊车梁(混凝土、钢)→制动桁架→托架(混凝土、钢)等，单种构件吊装流水作业，即保证体系纵列形成排架，稳定性好，又能提高生产效率。

③平面构件吊装顺序：主要以形成空间结构稳定体系为原则。

(2)标准样板间安装

选择有柱间支撑的钢柱,柱与柱形成排架,将屋盖系统安装完毕形成空间结构稳定体系,各项安装误差都在允许误差之内或更小,依次安装,要控制有关间距尺寸,相隔几间,复核屋架垂偏即可。只要制作孔位合适,安装效率是非常高的。

(3)几种情况说明

①并列高低跨吊装,考虑屋架下弦伸长后柱子向两侧偏移问题,先吊高跨后吊低跨,凭经验可预留柱的垂偏值。

②并列大跨度与小跨度:先吊装大跨度后吊装小跨度。

③并列间数多的与间数少的屋盖吊装:先吊间数多的,后吊间数少的。

④并列有屋架跨与露天跨吊装:先吊有屋架跨,后吊露天跨。

⑤以上几种情况也适合于门式刚架轻型钢结构屋盖施工。

4.3.2 轻钢骨架单层工业厂房施工组织

1)轻钢骨架单层工业厂房概述

用轻型型钢作为结构骨架的单层工业厂房日益增多。它以轻质高强的型钢做成柱子、屋面梁、连系梁、檩条;用彩色压痕钢板夹保温材料(矿棉等)与连系梁(墙面檩条)连结,组成外围护墙墙面系统;用彩色压痕钢板夹保温材料放置于屋面檩条上,组成屋面系统,如图4.6所示。除了主体结构之外,它还有基础、地坪、门窗等部分一起组成一座厂房。而与用钢筋混凝土做骨架的厂房相比,省去了屋面防水、装饰等工程内容,即使有装饰工程也是极小量的。

轻钢骨架单层工业厂房适用于轻工、加工工业的厂房,具有大跨、保温、防热的优点。它施工速度快,只要用高强螺栓连接,结构和构造相对简单,工业化水平高。

2)轻钢骨架单层工业厂房施工工艺过程

轻钢骨架单层工业厂房施工工艺过程如下:

施工准备→定位放线(主要是基础部分)→柱基挖土→验槽→浇筑基础垫层→绑扎基础钢筋→支撑基础模板(包括安装柱脚预埋螺栓)→抄平检查各基面标高→浇筑基础混凝土→养护、拆模→根据轴线位置支地梁模板→绑钢筋→浇混凝土→养护→回填土→场地平整→碾压及夯实→吊装柱子→安装屋架梁→安装檩条→安装墙板→安装屋面板→安装门、窗→清理场地→地面平整夯实→浇筑混凝土→结合一次抹光或做两次地面→室外散水→清理收尾结束施工。

该类厂房的基础均采用钢筋混凝土独立基础,由于整个主体骨架及屋面荷载相对小,所以常采用浅埋式基础。当埋置较浅时,基础做成锥台形;当埋置较深时,基础做成台阶形。基础顶面要平整,并埋有固定钢柱的螺栓。

该类厂房的构件、檩条、屋面板、墙板、门、窗均为工厂制作,运输到工地即能安装。在工地的湿作业为基础、地梁、地面、散水或部分砌墙等。因此速度快、施工相对方便,对于作业、加工工业厂房(车间)建造具有广阔的市场。

3)钢架安装

钢柱是用高强壁较薄的工字钢做成,柱根部焊有水平钢板,板上钻孔与基础上螺栓配合安装到基础上并焊牢。柱顶部与有坡度的屋面梁(工字钢梁)连接,连接用焊在柱顶连接板上的

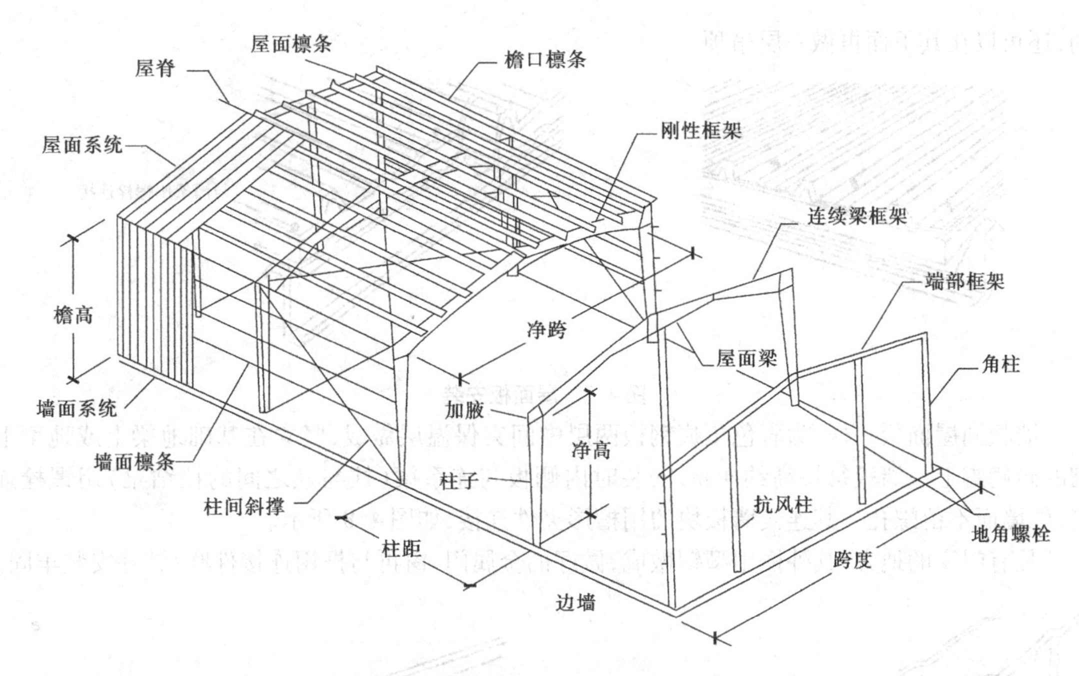

图 4.6　轻钢骨架单层工业厂房构成

孔与屋面梁工字钢翼板上的孔用螺栓连接。

屋面梁均用轻型高强工字钢做成,根据梁的高度及工字钢型号不同可做成不同跨度。其单跨的跨度最大的可达 24 m,一般有 12 m、18 m、21 m。屋面梁可做成单跨;也可做成中间跨度大,两边跨度小的三跨连续的厂房骨架;也可等跨度多跨连续,如 18 m 连续四跨,使厂房宽度达到 72 m。

钢架安装前进行场地平整、压实,并将构件分跨、分段、分类进行放置。由于构件较轻运输装卸可用5 t轮胎吊进行。采用的吊装机械可根据厂房的高度而定,一般用8 t轮胎吊或16 t轮胎吊已能满足施工需要。吊装前再细致检查基础顶标高和螺栓位置。如偏差较大的要研究方案处理解决。

钢架安装时,先吊装钢柱,用线锤检查垂直度,并根据十字线检查柱子的方位。方位正确无误后用螺母拧牢穿入柱脚底板螺栓孔中的基础预埋螺栓。电焊需待上部结构吊装完后进行。在柱吊装中为达到垂直可在柱脚下垫铁片。

吊装屋架梁,按施工图要求用螺栓将梁两端与柱子顶部连接牢固。屋架梁需要检查其位置是否居中,梁身是否垂直。

一榀钢架安装完成后再安第二榀。当两榀完成后,即可安装一个开间的檩条和屋面板。

凡有天窗的,在屋架梁上预留天窗架柱脚的螺栓孔,吊装上去后穿螺栓拧紧拧牢。天窗架侧面均用彩色有机玻璃封闭,没有像钢筋混凝土装配式单层厂房上的侧悬窗和天窗侧板。

4)*屋面板和墙板的安装*

屋面上檩条可用轻型薄壁槽钢,支座于屋架梁上,用螺栓连接。柱距一般为 4～6 m,根据设计而定。屋面板为彩色压痕钢板(波形断面)两层中间夹矿棉类保温材料,安装在檩条上。在檩条处用夹防水垫与檩条连接。屋面板顺坡度从一端向另一端安装,搭接处由一块屋面板上层伸出一条板材压住另一块板的波峰,使雨水不能浸入,如图 4.7 所示。对保温、隔热要求高的,还可以在其下面再做一层吊顶。

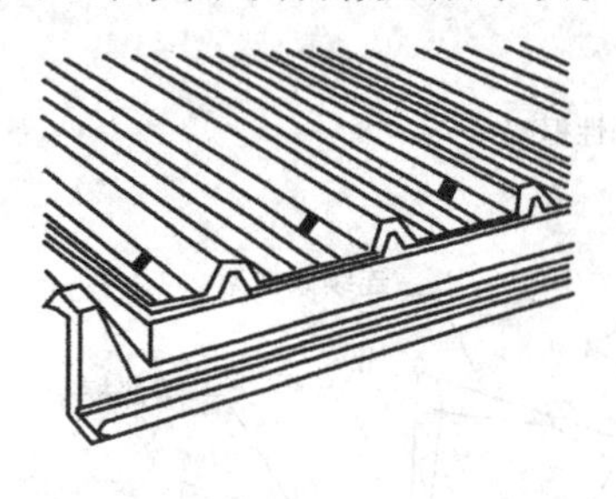

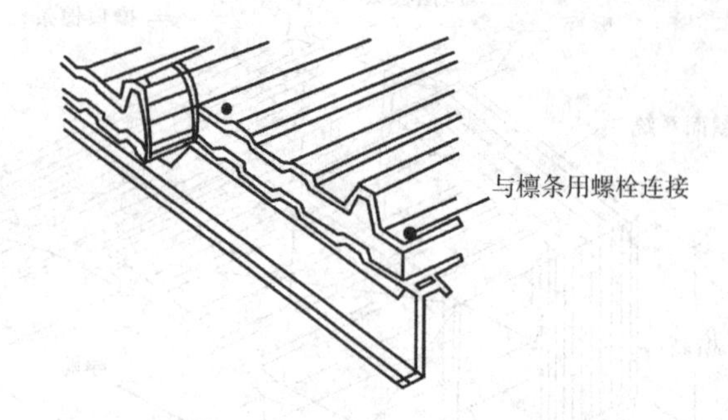

图 4.7　屋面板安装

墙板同屋面板一样,为彩色压痕钢板两层中间夹保温层做成,竖立在基础地梁上或地梁上砌的砖勒脚上。墙板每块高约 4 m,安装时内侧板与连系梁(柱与柱之间的拉结梁)用螺栓连接,外墙面不留螺孔。其连接墙板块的用槽形夹件连接,如图 4.8 所示。

凡有门窗的地方,其外框用型钢做成,做好的金属门、窗再与框用连接件联系,并安装牢固。

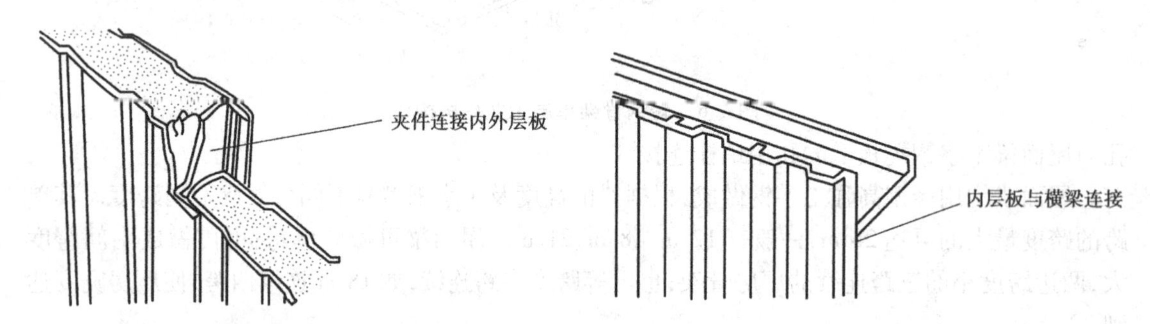

图 4.8　墙板安装的连接

4.3.3　多层与高层钢结构安装施工组织

1) *多层及高层钢结构安装概述*

在高层钢结构建筑施工中,钢结构安装是一项很重要的分部工程,因为它规模大、结构复杂、工期长、专业性强。

(1)总平面规划

总平面规划包括结构平面纵横轴线尺寸、主要塔式起重机的布置及工作范围、机械开行路线、配电箱及电焊机布置、现场施工道路、消防道路、排水系统、构件堆放位置等。

如果现场堆放构件场地不足时,可选择中转场地。

(2)塔式起重机选择

①起重机性能:根据吊装范围的最重构件、位置及高度,选择相应塔式起重机最大起重力矩所具有的起重量、回转半径、起重高度。除此之外,还应考虑塔式起重机高空使用的抗风性能,起重卷扬机滚筒对钢丝绳的容绳量,吊钩的升降速度。

②起重机数量:根据建筑物平面、施工现场条件、施工进度、塔吊性能等布置 1 台、2 台或多台。在满足起重性能情况下,尽量做到就地取材。

③起重机类型:在多层与高层钢结构施工中,其主要吊装机械一般都是选用自升式塔吊,自升式塔吊有分内爬式和外附着式两种。

(3)人货两用电梯选择

一般配备一柱两笼式人货两用电梯。

(4)钢框架吊装顺序

竖向构件标准层的钢柱一般为最重构件,它受起重机能力、制作、运输等的限制,钢柱制作一般为2~4层一节。

对框架平面而言,除考虑结构本身刚度外,还需考虑塔吊爬升过程中框架稳定性及吊装进度,进行流水段划分。先组成标准的框架体,科学地划分流水作业段,向四周发展。

2)多层与高层钢结构安装工艺流程

一般钢结构标准单元施工顺序如图4.9所示。

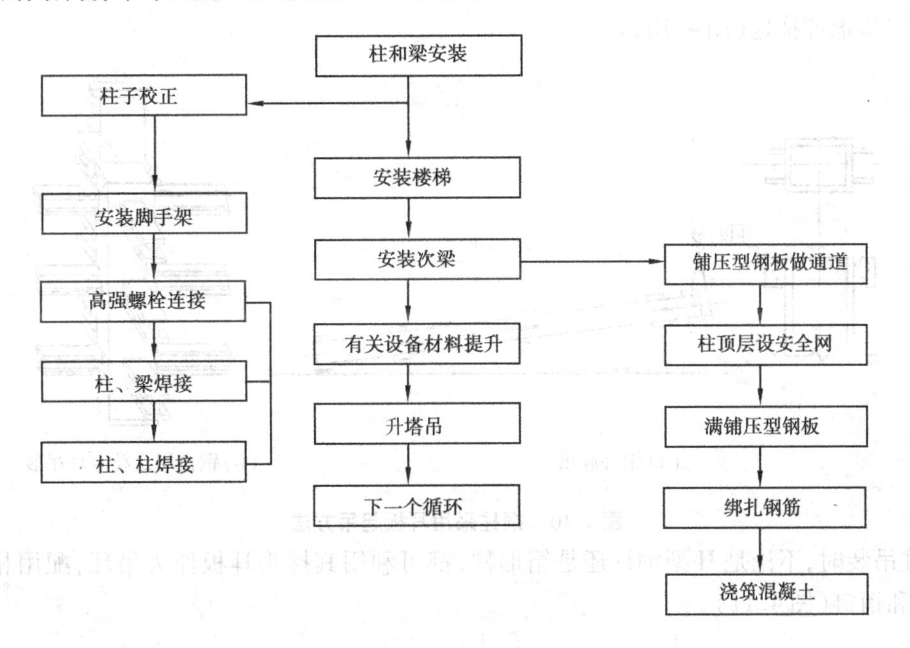

图4.9 钢结构标准单元施工流程

在安装施工中应注意以下问题:

①合理划分流水作业区段,安装流水段可按建筑物平面形状、结构形式、安装机械的数量、工期、现场施工条件等划分。

②确定流水区段、构件安装、校正、固定(包括预留焊接收缩量)后,确定构件安装顺序,平面上应从中间核心区及标准节框架对称地向四周发展,先内筒后外筒,竖向应由下向上安装;方便施工、保证焊接质量原则,制订焊接顺序。

③在起重机起重能力允许的情况下,为减少高空作业、确保安装质量、安全生产、减少吊次、提高生产率,能在地面组拼的尽量在地面组拼好,如钢柱与钢支撑、层间柱与钢桁架组拼等,一次吊装就位。

④一节柱的一层梁安装完后,立即安装本层的楼梯及压型钢板。楼面堆放物不能超过钢梁和压型钢板的承载力。

⑤钢构件安装和楼层钢筋混凝土楼板的施工，两项作业不宜超过5层；当必须超过5层时，应通过主管设计者验算而定。

⑥凡有钢筋混凝土内筒体的结构，应先现浇筑筒体；在复杂的钢结构工程中，除考虑钢构件外，还需考虑钢筋混凝土构件及幕墙的节点构造，确定其安装顺序。

3）多层与高层钢结构安装

安装前，应对建筑物的定位轴线、平面封闭角、底层柱的安装位置线、基础标高和基础混凝土强度进行检查，合格后才能进行安装。安装顺序应根据事先编制的安装顺序图表。凡在地面组拼的构件，需设置拼装架组拼（立拼），易变形的构件应先进行加固。组拼后的尺寸经校检无误后方可安装。

（1）钢柱的安装

钢柱平运时采用2点起吊，安装时采用1点立吊；立吊时，需在柱子根部垫以垫木，以回转法起吊，严禁根部拖地（图4.10）。

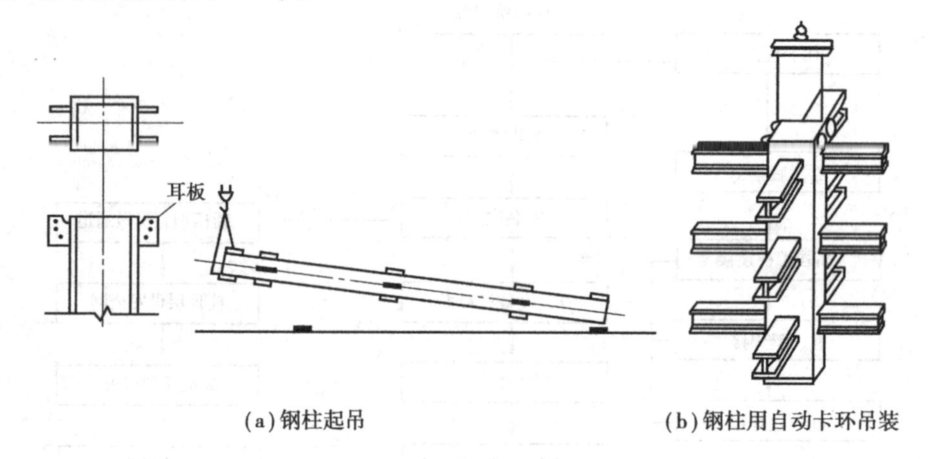

（a）钢柱起吊　　（b）钢柱用自动卡环吊装

图4.10　钢柱采用耳板起吊方法

钢柱吊装时，不论是H型钢柱还是箱形柱，都可利用其接头耳板作为吊环，配用相应的吊索、吊架和销钉（图4.11）。

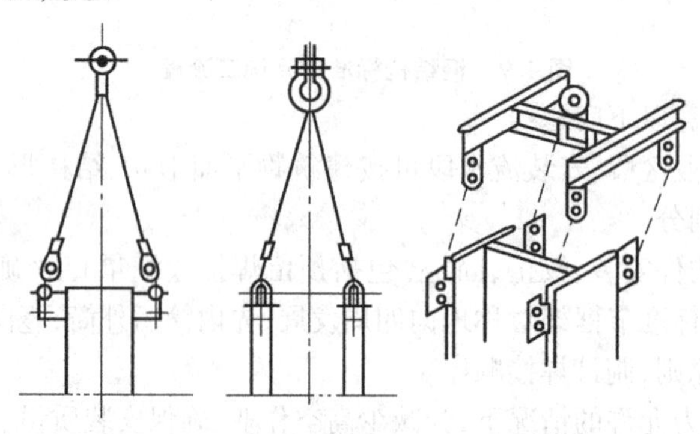

图4.11　钢柱索具、吊架

（2）钢梁的安装

钢主梁安装时，距梁端500 mm处开孔，用特制吊卡采用2点平吊或串吊（图4.12）。次梁可以3层串吊。

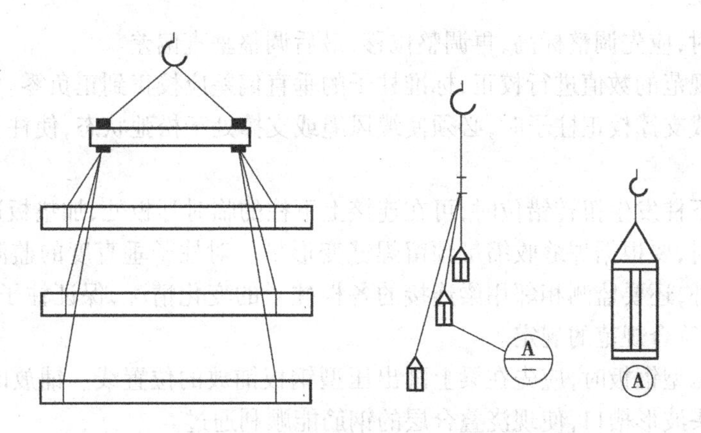

图 4.12 钢梁吊装方法

一节柱有 2、3、4 层梁,原则上竖向构件由下向上逐件安装,由于上部和周边都处于自由状态,易于安装测量保证质量。习惯上,同一列柱的钢梁从中间跨开始对称地向两端扩展,同一跨钢梁,先安装上层梁再安装中下层梁。

在安装和校正柱与柱之间的主梁时,把柱子撑开。测量必须跟踪校正,预留偏差值,留出接头焊接收缩量,这时柱子产生的内力,焊接完毕焊缝收缩后也就消失。柱与柱接头和梁与柱接头的焊接,以互相协调为好,一般可以先焊一节柱的顶层梁,再从下向上焊各层梁与柱的接头,柱与柱的接头可以先焊,也可以最后焊。

同一根梁两端的水平度不应超过允许偏差,如果钢梁水平超标,主要原因是连接板位置或螺孔位置有误差,可采取换连接板或塞焊孔重新制孔处理。

(3)其他事项

①钢构件的组合件吊点:因组合件形状、尺寸不同,可计算重心确定吊点,采用 2 点吊、3 点吊及 4 点吊。凡不易计算者,可加设倒链协助找重心,构件平衡后起吊。

②钢构件的零件及附件应随构件一并起吊。尺寸、质量较大的节点板,应用铰链固定在构件上。钢柱上的爬梯、大梁上的轻便走道,应牢固固定在构件上一起起吊。调整柱子垂直度的缆风绳或支撑夹板,应在地面与柱子绑扎好,同时起吊。

③当天安装的构件,应形成空间稳定体系,确保安装质量和结构安全。

④一节柱的各层梁安装校正后,应立即安装本节各层楼梯,铺好各层楼面的压型钢板。

⑤预制外墙板应根据建筑物的平面形状对称安装,使建筑物各侧面均匀加载。

⑥叠合楼板的施工,要随着钢结构的安装进度进行,两个工作面相距不宜超过 5 个楼层。

⑦每个流水段一节柱的全部钢构件安装完毕并验收合格后,方能进行下一流水段钢结构的安装。

⑧高层钢结构安装时,要注意日照、焊接等温度引起灼热影响,致使构件产生伸长、缩短、弯曲而引起的偏差,施工中应有调整偏差的措施。

4)安装测量校正工作

①安装前,首先要确定是采用设计标高安装,还是采用相对标高安装。应取其中的一种。

②柱子、主梁、支撑等大构件安装时,应立即进行校正。校正正确后,应立即进行永久固定,确保安装质量。

③柱子安装时,应先调整标高,再调整位移,最后调整垂直偏差。

④柱子要按规范的数值进行校正,标准柱子的垂直偏差应校正到正负零。

⑤用缆风绳或支撑校正柱子时,必须使缆风绳或支撑处于松弛状态,使柱子保持垂直,才算校正完毕。

⑥当上柱和下柱发生扭转错位时,可在连接上下柱的临时耳板处,加垫板进行调整。

⑦安装主梁时,要根据焊缝收缩量预留焊缝变形量。对柱子垂直度的监测,除监测两端柱子的垂直度变化外,还要监测相邻用梁连接的各根柱子的变化情况,保证柱子除预留焊缝收缩值外,各项偏差均符合规范的规定。

⑧安装楼层压型钢板时,应先在梁上画出压型钢板铺放的位置线。铺放时,要对正相邻两排压型钢板的端头波形槽口,使现浇叠合层的钢筋能顺利通过。

⑨栓钉施工前,应放出栓钉施工位置线,栓钉应按位置线顺序焊接。

⑩每一节柱子的全部构件安装、焊接、拴接完成并验收合格后,才能从地面引测上一柱子定位轴线。

⑪高层钢结构各部分构件(柱、主梁、支撑、楼梯、压型钢板等)的安装质量检查记录,必须是安装完成后验收前的最后一次实测记录,中间检查记录不得作为竣工验收记录。

4.3.4　大跨度网架钢结构施工组织

1)一般安装方法及应用范围

空间网架结构是许多杆件沿平面或立面按一定规律组成的高次超静定空间网状结构。它改变了一般桁架的平面受力状态,由于杆件之间互相支撑,所以结构的稳定性好,空间刚度大,能承受来自各个方向的荷载。空间网架结构在大跨结构中应用较为广泛。

空间网架结构的施工特点是跨度大、构件重、安装位置高。因此,合理地选择施工方案是空间网架结构施工的重要环节。

大跨度网架钢结构一般安装方法及应用范围见表4.1。

表4.1　网架安装方法及适用范围

安装方法	内容	适用范围
高空散装法	单杆件拼装	螺栓连接节点的各类型网架
	小拼单元组装	
分条或分块安装法	条状单元组装	两向正交、正放四角锥、正放抽空四角锥等网架
	块状单元组装	
高空滑移法	单条滑移法	正放四角锥、正放抽空四角锥、两向正锥等网架
	逐条积累滑移法	
整体吊装法	单机、多机吊装	各种类型网架
	单根、多根拔杆吊装	

续表

安装方法	内容	适用范围
整体提升法	利用拔杆提升	周边支撑及多点支撑网架
	利用结构提升	
整体顶升法	利用网架支撑柱作为顶升时的支撑结构	支点较少的多点支撑网架
	在原支点处或其附近设置临时顶升支架	

注：未注明连接节点构造的网架，指各类连接节点网架均可适用。

2）高空散装法

高空散装法是将网架的杆件和节点（或小拼单元）直接在高空设计位置总拼成整体的方法。

当全支架拼装网架时，支架顶部常用木板或竹脚手板满铺，作为高空操作平台。焊接连接的网架采用高空散装法施工时，不易控制标高和轴线，全部焊接工作均在此高空平台上完成，必须注意防火。

悬挑法拼装网架时，需要预先制作好小拼单元，再用起重机将小拼单元吊至设计标高就位拼装。悬挑法拼装网架可以少搭支架，节省材料。但悬挑部分的网架必须具有足够的刚度，而且几何不变。

高空散装法适用于螺栓球节点或高强度螺栓连接的各种类型网架，其特点是网架在设计标高一次拼装完成。其优点为可用简易的起重运输设备，甚至不用起重设备即可完成拼装，可适应起重能力薄弱或运输困难的山区等地区。其缺点为脚手架用量大、高空作业多，工期较长，需占建筑物场内用地，且技术上有一定难度。

3）分条或分块安装法

分条或分块安装法，就是指网架从平面分割成若干条状或块状单元，每个条（块）状单元在地面拼装后，分别由起重机吊装至高空设计位置就位搁置，然后再拼装成整体的安装方法。

所谓条状，是指网架沿长跨方向分割为若干区段，而每个区段的宽度可以是1个网格至3个网格，其长度为短跨跨距或短跨跨距的一半。

所谓块状，是指网架沿纵横方向分割后的单元形状为矩形或正方形。每个单元的质量以现有起重机能力能胜任为准。

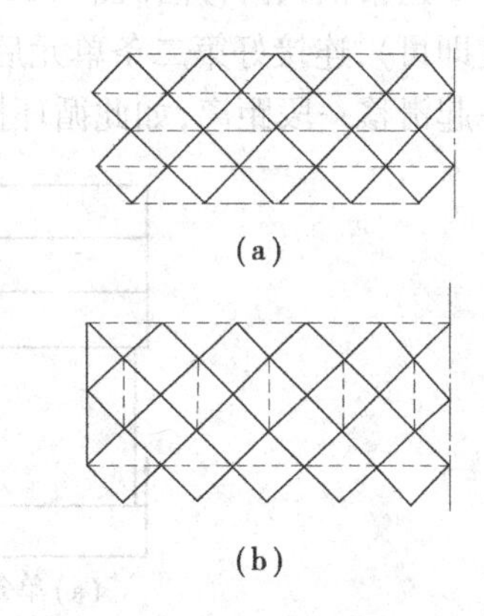

图4.13　斜四角网架上弦加固示意

（虚线表示临时加固杆件）

这种方法具有如下特点：首先是大部分焊接、拼装工作量在地面进行，因而高空作业量较高空散装法大为减少，有利于提高工程质量，并可省去大部分拼装支架。其次是由于分条（块）单元的质量与现有其中设备相适应，可利用现有起重设备吊装网架，故较经济。这种安装方法适用于分割后网架的刚度和受力状况改变较小的各类中小型网架，但仍有一定的高空作业量。

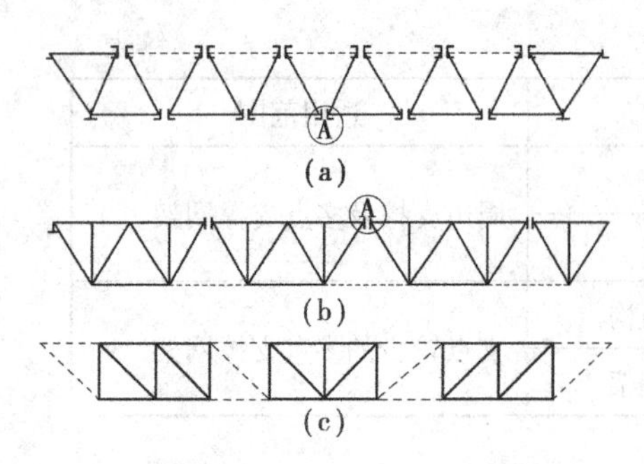

图 4.14　网架条(块)状单元划分方法
(A 表示剖分式安装节点)

当采用分条(块)吊装法时,正放类网架一般来说在自重作用下自身能形成稳定体系,一般不需要加固,比较经济。斜放类网架分成条状单元后,上(下)弦为菱形结构可变体系,必须用较多的加固杆件加固后方可吊装(图 4.13),经济性降低。当采用分块吊装法时,斜放类网架只需在单元周边加设临时杆件,加固杆件较少。

条(块)状单元有如下几种分割方法:

①单元相互靠紧,下弦用双角钢分成两个单元[图 4.14(a)],可用于正放四角锥网架。

②单元相互靠紧,上弦用剖分式安装节点连接[图 4.14(b)],可用于斜放四角锥网架。

③单元间空一个网格,在单元吊装后再在高空将此空格拼成整体[图 4.14(c)],可用于两向正交正放或斜放四角锥网架。

4)高空滑移法

高空滑移法是指分条的网架单元在事先设置的滑轨上单条滑移到设计位置拼接成整体的安装方法。此条状单元可以在地面拼成后用起重机吊至支架上,由于设备能力不足或其他因素,也可用小拼单元甚至散件在高空拼装平台上拼成条状单元。高空支架一般设在建筑物的一端,滑移时网架的条状单元由一端滑向另一端。

高空滑移法按滑移方式可分为单条滑移及逐条积累滑移 2 类。

①单条滑移法[图 4.15(a)]。将条状单元一条一条地分别从一端滑移另一端就位安装,各条之间分别在高空再行连接,即逐条滑移,逐条连成整体。

②逐条积累滑移法[图 4.15(b)]。先将条状单元滑移一段距离后(能连接上第二单元的宽度即可),连接好第二条单元后,两条一起再滑移一段距离(宽度同上),再连接第三条,三条又一起滑移一段距离,如此循环操作直至接上最后一条单元为止。

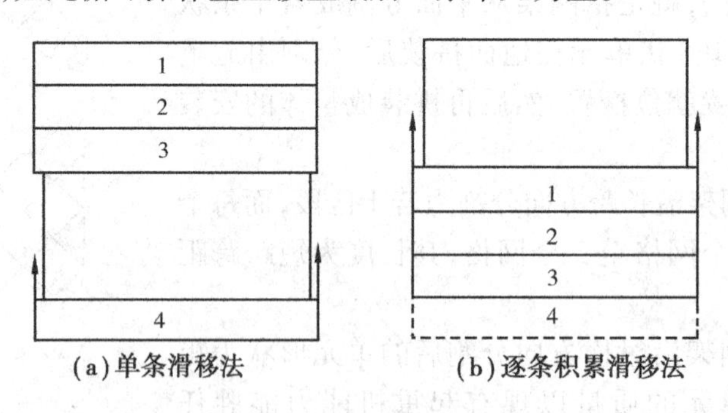

图 4.15　高空滑移法分类

按摩擦方式可分为滚动式及滑动式 2 类。滚动式滑移即网架装上滚轮,网架滑移时是通过滚轮与滑轨的滚动摩擦方式进行的。滑动式滑移即网架支座直接搁置在滑轨上,网架滑移时是通过支座底板与滑轨的滑动摩擦方式进行的。

按滑移坡度可分为水平滑移、下坡滑移及上坡滑移 3 类。如建筑平面为矩形,可采用水平滑移或下坡滑移;当建筑平面为梯形时,短边高、长边低、上弦节点支承式网架,则可采用上坡滑移,因上坡滑移可省动力。

按滑移时力作用方向可分为牵引法及顶推法两类。牵引法即将钢丝绳钩扎于网架前方,用卷扬机或手动扳葫芦拉动钢丝绳,牵引网架前进,作用点受拉力。顶推法即用千斤顶顶推网架后方,使网架前进,作用点受压力。

高空滑移法的主要优点是设备简单,不需大型起重设备,成本低。特别在场地狭小或跨越其他结构、设备等与起重机无法进入时更为合适。其次是网架的滑移可与其他土建工程平行作业,而使总工期缩短,如体育馆或剧场等土建、装修及设备安装等工程量较大的建筑,更能发挥其经济效益。因此端部拼装支架最好利用室外的建筑物或搭设在室外,以便空出室内更多的空间给其他工程平行作业。在条件不允许时才搭设在室内的一端。

图4.16为高空滑移法工程实例。某体育馆屋面网架,平面尺寸为45 m×55 m斜放四角锥型,采用逐条积累滑移法施工。沿长跨方向分为7条,沿短跨方向又分为2条,每条尺寸为22.5 m×7.86 m,质量为7~9 t,先在地面拼装成半跨的条状单元,然后吊装至拼装台上组成整跨的条状单元,再进行滑移。

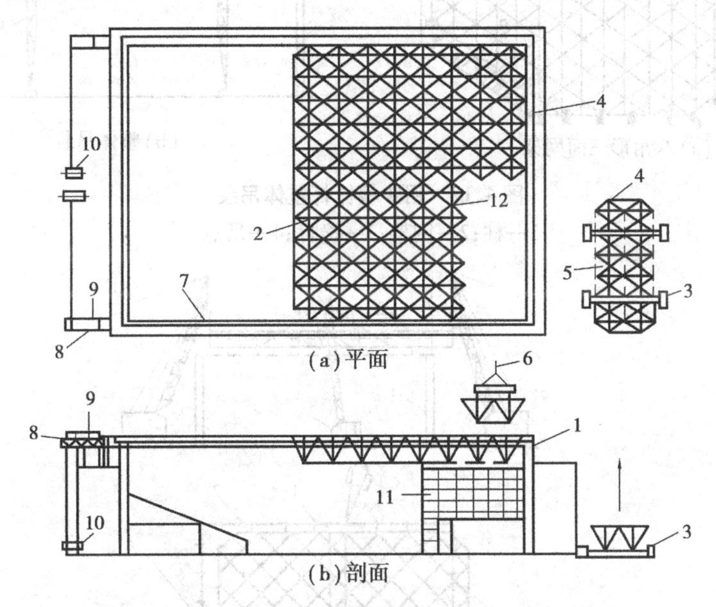

图4.16　滑移安装网架结构工程实例

1—天钩梁;2—网架(临时加固杆件未示出);3—拖车架;4—条状单元;
5—临时加固杆件;6—起重机吊钩;7—牵引绳;8—反力架;
9—牵引滑轮组;10—卷扬机;11—脚手架;12—剖分式安装节点

5)整体吊装法

网架整体吊装法,是指网架在地面总拼后,采用单根或多根拔杆、一台或多台起重机进行吊装就位的施工方法。该法适用于各种重型的网架结构,吊装时可在高空平移或旋转就位。

地面总拼易于保证焊接质量和几何尺寸的准确性,网架地面总拼时可以就地与柱错位或在场外进行。就地与柱错位总拼的方案适用于用桅杆吊装,场外总拼方案适用于履带式、塔式起重机吊装。如用桅杆抬吊就应结合滑移法安装。

当用桅杆吊装时,由于桅杆机动性差,网架只能就地与柱错位总拼。网架起升后在空中需要平移或转动1.0~2.0 m再下降就位,由于柱是穿在网架的网格中的,因此凡与柱相连接的梁均应断开,即在网架吊装完成后再施工框架梁。而且建筑物在地面以上的结构必须待网架制作安装完成后才能进行,不能平行施工。

由于桅杆的起重量大,故大型网架多用此法,但需大量的钢丝绳、大型卷扬机及劳动力,因而成本较高。也可采用多根中小型钢管桅杆整体吊装网架,降低成本。

例如,某体育馆八角形三向网架[图 4.17(a)],平面尺寸 88.67 m×76.8 m,质量为 360 t,支承在周边 46 根钢筋混凝土柱上,采用 4 根扒杆,32 个吊点整体吊装就位[图 4.17(b)]。

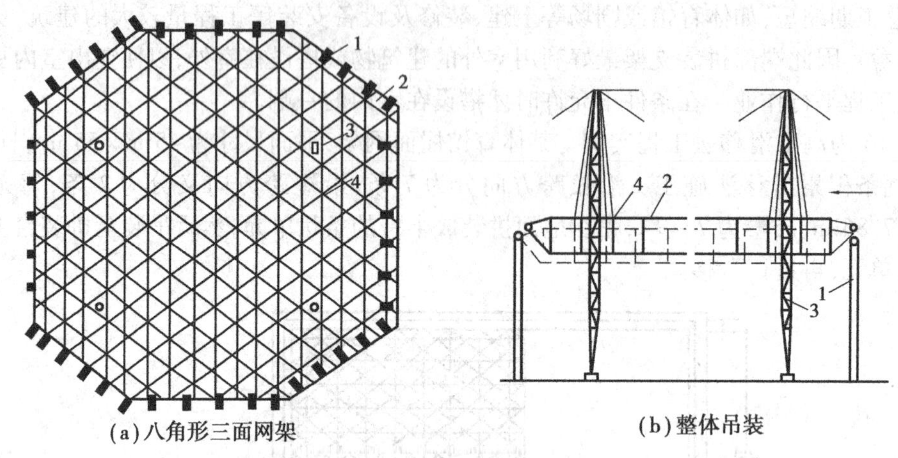

(a)八角形三面网架　　(b)整体吊装

图 4.17　用 4 根桅杆整体吊装

1—柱;2—网架;3—桅杆;4—吊点

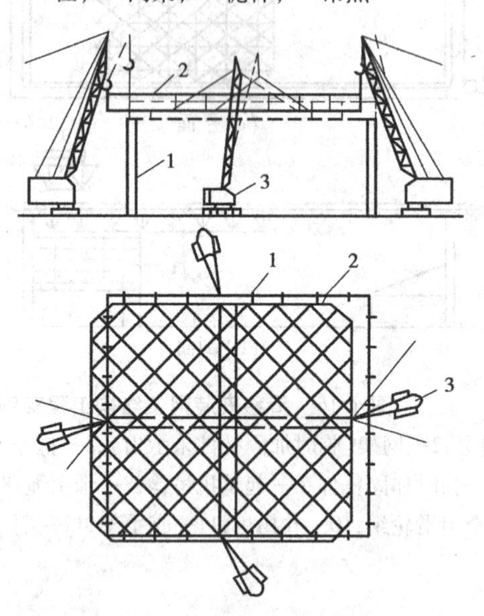

图 4.18　用 4 台起重机整体吊装

1—柱;2—网架;3—履带式起重机

当场地许可时,可在场外地面总拼网架,然后用起重机抬吊至建筑物上就位,这时虽解决了室内结构拖延工期的问题,但起重机必须负重行驶较长距离。某俱乐部 40 m×40 m 的双向正交斜放网架,质量为 55 t,用 4 台履带式起重机采用整体吊装方法抬吊就位(图 4.18)。

6)整体提(顶)升法

整体提(顶)升法,是指网架在地面投影位置进行拼装,固定在结构柱或临时支撑结构上的起重设备成为提升(顶升)动力源,通过钢索或钢吊杆将网架垂直地从地面缓慢提(顶)升至设计高度并固定的方法。

提升法和顶升法工艺的共同优点是:提(顶)升设备较小,用小设备可安装大型结构;地面拼装,可降低高空作业的危险性;减少临时支撑的材料和工时;将屋面板、防水层、顶棚、采暖通风与电气设备等全部在地面或最有利的高度施工,大大节省施工费用。提升法适用于周边支承或点支承网架,顶升法则适用于支点较少的点支承网架的安装。

(1)整体提升法

整体提升的概念是起重设备位于网架的上面,通过吊杆将网架提升至设计标高。可利用结构柱作为提升网架的临时支承结构,也可另设格构式提升架或钢管支柱。提升设备可用通用千斤顶或升板机。对于大中型网架,提升点位置宜与网架支座相同或接近,中小型网架则可略有变动,数量也可减少,但应进行施工验算。

有时也可利用网架为滑模平台,柱子用滑模方法施工,当柱子滑模施工到设计标高时,网架也随着提升到位,这种方法俗称升网滑模。

图4.19所示为用升板机整体提升网架的工程实例。

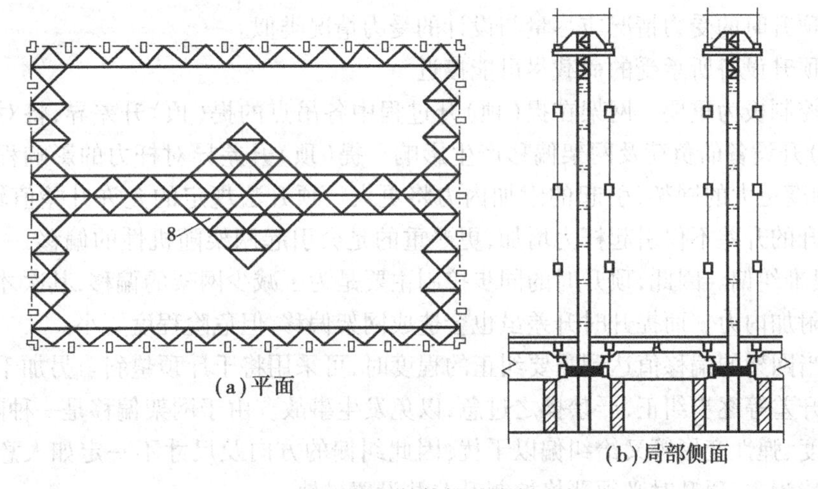

图4.19　升板机整体提升网架工程

该工程平面尺寸为44 m×60.5 m,屋盖选用斜放四角锥网架,网架自重约110 t,设计时考虑了提升工艺要求,将支座搁置在柱间框架梁中间,柱距5.5 m,柱高16.20 m。提升前将网架就位总拼,并安装好部分屋面板。接着在所有柱上都安装一台升板机,吊杆下端则钩扎在框架梁上。柱每隔1.8 m有一停歇孔,作倒换吊杆用,整个提升工作进行得较顺利,提升点间最大升差为16 mm,小于规程规定的30 mm,这种提升工艺的主要问题是网架相邻支座反力相差较大(最大相差约15 kN),提升时可能出现提升机故障或倾斜。提升前在框架梁端用两根10号槽钢连接,并对1/4网架吊杆用电阻应变仪进行跟踪测量,检测结果表明每个升板机的一对吊杆受力基本相等,吊杆内力能自行调整。

对于升网滑模法尤应注意,结构柱作为提(顶)升时临时支承结构,混凝土的出模强度极低(0.1~10.3 N/mm^2)时需要加强柱间的支撑体系。混凝土强度3天后应达到10 N/mm^2 以上,施工时即据此要求控制滑模速度。

提升系统设计时,应验算在提升、下降过程中,提升吊点处网架的强度、稳定性、结构变形量,确定结构的安全性,以及当作提升设备的选用依据;验算支撑结构以及支撑基础、揽风绳、地锚等的稳定性,进行提升系统的平面和立面布置设计;验算千斤顶、铁扁担、吊索、工具、钢绞线、悬臂横梁和锚具等的安全性;设计高空操作平台、走道和提升设备的平面布置和安全防护。

施工中应注意以下安全措施:

①钢绞线、千斤顶等承重系统具有足够的安全储备。

②千斤顶上装有液压锁,防止在管道突然破裂时,网架失速下落。

③电路自动闭锁,即使误操作,重物也不会下落。

④计算机系统具有抗干扰措施。

⑤严禁搭载,防止超载,以确保安全。

⑥对于补装网架的构件和高空操作架固定在网架上,随网架一起提升,质量要计入提升质量内。

(2)整体顶升法

整体顶升法,是指网架在地面位置进行拼装,一般是利用结构柱作为网架顶升的临时支承结构,起重设备(千斤顶)位于网架之下,将网架整体顶升到所规定高度的安装方法。

(3)整体提(顶)升法施工要点

①网架顶升时的受力情况应尽量与设计的受力情况类似。

②每个顶升设备所承受的荷载尽可能接近。

③同步控制极为重要。网架在提(顶)升过程中各吊点的提(顶)升差异,将对网架结构的内力、提(顶)升设备的负荷及网架偏移产生影响。提(顶)升差异对杆力的影响程度与网架刚度有关,如刚度更大的网架,引起的附加内力将更大。顶升法规定的允许升差值较提升法严。这是因为顶升的升差不仅引起杆力增加,更严重的是会引起网架随机性的偏移,一旦网架偏移较大时,就很难纠偏。因此,顶升时的同步控制主要是为了减少网架的偏移,其次才是为了避免引起过大的附加内力。而提升时升差虽也会造成网架偏移,但危险程度要小。

顶升时当网架的偏移值达到需要纠正的程度时,可采用将千斤顶垫斜。另加千斤顶横顶或人为造成反升差等逐步纠正,严禁操之过急,以免发生事故。由于网架偏移是一种随机过程,纠偏时柱的柔度、弹性变形等又给纠偏以干扰,因此纠偏的方向及尺寸不一定如人意。故顶升时应以预防偏移为主,顶升时必须严格控制升差并设置导轨。

④柱的稳定性。提(顶)升时一般均用结构柱作为临时支承结构,因此,可利用原设计的框架体系等来增加施工期间柱的刚度。例如当网架升到一定高度后,先施工框架结构的梁或柱间支撑,再提升网架。当原设计为独立柱或提(顶)升期间结构不能形成框架时,则需对柱进行稳定性验算。如果稳定性不够,则应采取加固措施。

4.4 钢结构房屋施工质量验收

4.4.1 钢结构房屋施工质量验收一般程序

钢结构工程按以下内容进行施工质量控制:

①采用的原材料及成品进行进场验收。凡涉及安全、功能的原材料及成品应进行复验,并应经监理工程师(建设单位技术负责人)见证取样、送样。

②各工序应按施工技术标准进行质量控制，每道工序完成后，应进行检查。

③相关各专业工种之间，应进行交接检验，并经监理工程师（建设单位技术负责人）检查认可。

钢结构房屋施工质量验收是在施工单位自检基础上，按照检验批、分项工程、分部（子分部）工程的层次进行。钢结构分部（子分部）工程中分项工程划分原则，按照现行国家标准《建筑工程施工质量验收统一标准》（GB 50300）的规定执行。钢结构分项工程由一个或若干检验批组成，各分项工程检验批按照《钢结构工程施工质量验收规范》（GB 50205）的要求进行划分。

4.4.2 钢结构房屋施工质量验收主要工作

钢结构房屋分项工程检验批质量标准合格是指：主控项目符合现行国家标准《钢结构工程施工质量验收规范》（GB 50205）合格质量标准的要求；一般项目其检验结果80%及以上的检查点（值）符合现行国家标准《钢结构工程施工质量验收规范》合格质量标准的要求，且最大值不应超过其允许偏差值的1.2倍；质量检查记录、质量证明文件等资料应完整。

钢结构房屋分项工程质量合格，应满足分项工程所含的各检验批均符合现行国家标准《钢结构工程施工质量验收规范》（GB 50525）合格质量标准、质量验收记录完整的要求。

钢结构作为主体结构之一应按子分部工程竣工验收；当主体结构均为钢结构时应按分部工程竣工验收。大型钢结构工程可划分成若干个子分部工程进行竣工验收。

钢结构分部工程合格质量，应符合下列规定：

①各分项工程质量均符合合格质量标准。

②质量控制资料和文件完整。

③有关安全及功能的检验和见证检测结果应符合现行国家标准《钢结构工程施工质量验收规范》（GB 50205）相应合格质量标准的要求。

④有关观感质量应符合本规范相应合格质量标准的要求。

钢结构分部工程竣工验收时，应提供下列文件和记录：钢结构工程竣工图纸及相关设计文件；施工现场质量管理检查记录；有关安全及功能的检验和见证检测项目检查记录；有关观感质量检验项目检查记录；分部工程所含各分项工程质量验收记录；分项工程所含各检验批质量验收记录；强制性条文检验项目检查记录及证明文件；隐蔽工程检验项目检查验收记录；原材料、成品质量合格证明文件、中文标志及性能检测报告；不合格项的处理记录及验收记录；重大质量、技术问题实施方案及验收记录；其他有关文件和记录。

4.5 某会展中心钢结构安装方案[①]

4.5.1 工程概况

工程为长春某会展中心扩建工程大综合馆钢结构安装工程，位于长春市某经济开发区，包

① 来自《钢结构施工技术案例精选》。

括宴会厅螺栓球网架、屋面空腹梁、共享大厅树形柱、椭圆形雨篷工程及室外小钢结构五部分内容(表4.2)。本节主要节选了"宴会厅螺栓球网架"、"屋面空腹梁"两部分的钢结构安装工程内容进行介绍。

表4.2 长春某会展中心钢结构安装工程概况

建筑规模	总建筑面积20 000 m^2,框架结构、钢壳屋面、层数位三层(地下局部设一层),建筑高度30.45 m
工程范围	屋面空腹梁、共享大厅树形柱、螺栓球网架、大雨篷及室外小钢结构
材质要求	网架钢管材、螺栓球、支托、支座、封板、锥头材质均选用Q235B; 空腹梁及边梁部分采用Q345B;树形柱部分采用Q345C;大雨篷部分采用Q345B
除锈与油漆	所有构件须作抛丸除锈处理,除锈等级Sa2.5,抛丸达不到的部分手工除锈,除锈等级要求达到现行国家标准GB 8923中的St3等级;构件涂底漆出厂,漆干膜总厚度不小于125 μm;钢构件油漆采用环氧富锌底漆+环氧云铁中间漆+氯化橡胶面漆
防火要求	本工程耐火等级为二级,建筑物承重构件耐火等级如下: 钢柱及钢管混凝土柱耐火极限为2.5 h,采用厚涂型防火涂料;屋面钢梁耐火极限为1.5 h,采用薄涂型防火涂料
现场情况	进驻施工现场时,具备四通一平的条件,即施工用电通、水通、场区的道路通畅以及通信顺畅和场地平整

4.5.2 工程难点

本工程的关键环节是屋面空腹梁的安装,空腹梁的截面形式为上下热轧H型钢,中间用厚壁方钢管连接,最长的空腹梁跨度达到75 m。本方案使用160 t、250 t大型吊车进行施工。

4.5.3 施工部署

根据现场条件及工程项目的工期要求,现场钢结构安装顺序及总体布置如下:

18轴至25轴钢结构→共享大厅→1轴至17轴钢结构→预应力大雨篷→室外刚架。

①18轴至25轴部分钢结构安装顺序:25轴向18轴屋面边梁→屋面空腹梁→空腹梁撑管→网架部分→雨篷斜拉索钢管混凝土柱柱脚。

②共享大厅:钢管混凝土柱→13.5 m标高以下钢梁及支撑→13.5 m标高以上钢管柱。

③1轴至17轴部分钢结构安装顺序:安装顺序为从1轴向17轴方向→屋面边梁→屋面空腹梁→空腹梁撑管。

④大雨篷及室外钢架安装。

⑤土建施工与钢结构安装方的配合施工。

土建施工进场须先从25轴向18轴方向施工混凝土框架。混凝土框架柱施工完毕后,钢结构安装进场,首先安装18轴以右部分的边梁及屋面空腹梁结构,再安装两空腹梁中间的支撑(屋面环杆及边杆)。

在钢结构安装施工18轴至25轴部分的同时,土建开始施工1轴至17轴部分的混凝土框架结构。钢结构安装完成18轴至25轴部分屋面钢结构施工后,转入安装共享大厅钢结构。完成后再进入1轴至17轴部分屋面空腹梁及屋面环杆施工,最后安装大雨篷及室外的钢结构。

4.5.4 施工进度计划

钢结构加工制作在工厂内进行,且与土建施工同时进行,不占用现场安装工期。现场安装绝对工期105天,其中屋面部分60天,共享大厅部分15天,室外部分30天。

①1轴至17轴部分:40天;

②18轴至25轴部分:20天;

③共享大厅部分:15天;

④大雨篷及室外钢结构:30天。

4.5.5 施工准备

(1)工序交接与施工测量

①工程的基础(预埋)必须由监理单位、土建施工单位及施工单位一同验收合格并经确认后方可接收,并进入钢结构安装阶段。

②基础(预埋)施工平面控制网及水准点、混凝土基础沉降录现场移交后,作好标记,并保留相应资料。

③测量仪器、工具必须准备齐全,其中经纬仪、水准仪及盘尺等重要仪器、工具必须交有资质的计量所鉴定,送检过的仪器、工具必须保证在符合使用的有效期内,并保留相应的检验合格证备查。

④本次钢结构的安装测量工作内容主要包括:钢结构安装工程测量控制网;预埋件、螺栓观测,梁的X、Y、Z位置观测。

(2)现场准备

①钢柱、梁、网架安装轴线、标高控制线的标记。为保证钢柱安装时能方便、准确、迅速地定位,在钢构件吊装前应将轴线标记在混凝土柱的上表面。

②钢构件配套供应:

a.现场钢结构吊装是根据规定的安装流水顺序进行的,钢构件必须按照安装流水顺序的需要供应。为此,应严密制订出构件进场及吊装周、日计划,构件进场按日计划,明确到各构件的编号及吊装区域。每天进场的构件要满足日吊装计划并配套。

b.根据现场吊装进度计划,提前一周通知制作厂家,使制作厂随时掌握现场安装届时所需构件的进场时间。计划变更时提前两天通知制作厂,制作厂应严格按照现场吊装进度所需的构件进场计划,按时将构件运至现场指定地点。

③构件进场验收检查:

a.钢构件进场后,按货运单检查所到构件的数量及编号是否相符,发现问题及时在回单上说明,反馈制作厂,以便更换。

b.按照设计图纸、规范及制作厂质检报告单,对构件的质量进行验收检查,做好检查记录。

c.制作超过规范误差和运输中变形的构件必须在安装前在地面修复完毕,减少高空作业。

④钢构件堆场安排、清理：

按照安装流水顺序将钢构件运入现场。钢构件堆放应安全、整齐、防止构件受压变形损坏。构件吊装前必须清理干净，特别是在接触面、摩擦面上，必须用钢丝刷清除铁锈、污物等。

(3)钢构件的倒运就位及拼装

①因钢结构单件比较长，考虑运输的要求，将构件分段运输，现场布置足够的场地堆放，避免钢构件二次倒运。

②根据现场的实际情况，夯实施工地面，以保证在施工过程中机械设备正常使用。

③钢构件组对：因工程中钢梁单根长度较大，最长为75 m左右且质量较大，将长构件分成2～4段，构件的单段长度不大于17 m。钢构件在工厂预制，预制好后进行预拼装，用载重汽车运到施工现场。单段构件在施工现场拼装成整体。

④在施工现场用枕木、组装架子和钢板铺设一个钢结构组对平台，要求枕木铺设平整，下面垫实，以防在钢梁组对焊接时变形。

⑤所有对接焊缝均为全熔焊透，质量等级为一级，钢管相贯节点的焊接采用全焊透的组合焊缝，焊缝质量等级为二级，桁架的其余焊缝质量等级为二级，角焊缝质量等级为三级。焊缝表面缺陷应做100%检查，焊缝内部缺陷应严格按照《钢结构工程施工质量验收规范》(GB 50205)要求进行。对一、二级焊缝均应进行100%超声波探伤处理。其检查方法按《焊缝无损检测超声检测技术、检测等级和评定》(GB/T 11345)及有关的规定和要求进行焊接质量检查。

4.5.6 网架安装工程

(1)网架安装概况

工程主体结构为钢筋混凝土框架结构，屋面结构为正放四角锥螺栓球网架，支承形式为上弦周边支承；上部连接C型钢檩条，上部檩条上铺设150 mm厚彩钢复合板。屋面为四面起坡有组织排水，屋面坡度均为5%。网架轴线尺寸为28.8 m×28.8 m，采用网架支托找坡。基本投影网格尺寸为2.5 m×2.5 m、2.667 m×2.5 m、2.667 m×2.667 m。矢高为2.2 m。网架总质量16.2 t(不包含屋面檩条)。

(2)网架施工总体安排

按材料明细表的规格、型号、数量、外形尺寸进行下料、加工，按施工顺序和部位分类捆装运至现场进行安装，网架的制作与安装以现行业标准《网架结构设计与施工规程》(JGJ 7)、《网架结构工程质量检验评定标准》(JGJ 78)为依据。

(3)施工程序

土建交接→网架拼装→吊装网架就位→上层檩条安装→屋面板安装。

(4)施工方法

本工程网架位于标高15.58 m的柱子牛腿上，网架高度为2.2 m，螺栓球网架，采用整体吊装法。为防止网架发生过量的变形，网架吊装前要对网架吊点处进行加固。网架吊装见图4.20，网架各部件制作完毕，经验收合格后，按安装先后顺序打好包运到现场，分别堆放。

①放线、验线与预埋件检查：

a.检查网架柱顶混凝土强度，检查试件报告，合格后方能在高空柱顶放线、验线。

b.由土建单位提供柱顶轴线位移情况，对提供的网架支承点位置、尺寸进行复验，经复验检

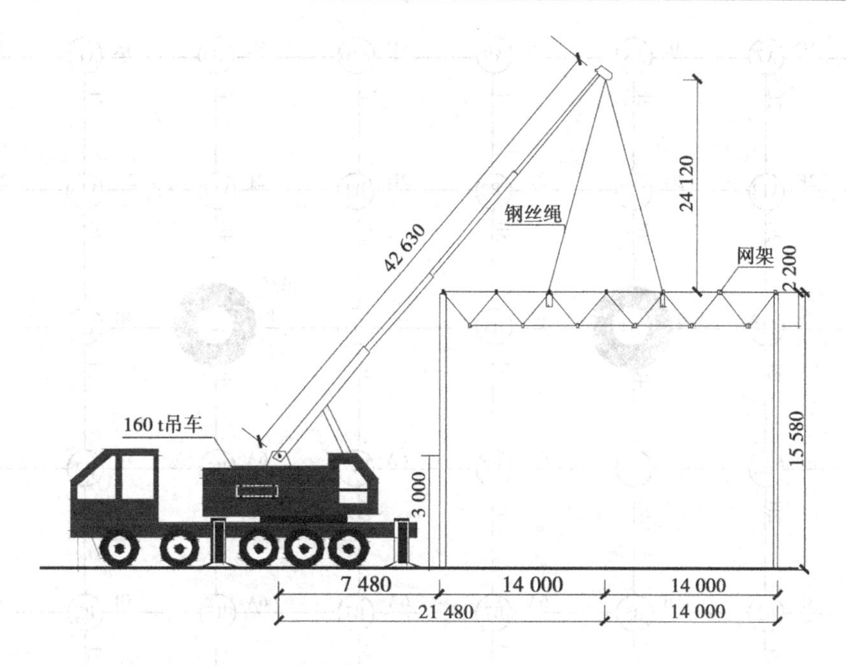

图 4.20 网架吊装示意

查轴线位置、标高尺寸符合设计要求以后,才能开始安装。网架吊点布置如图 4.21 所示。

②安装上、下弦平面网架。网架以相邻两支座中间的部分作为一个大安装单元,以两相邻上弦球的部分为一小安装单元。

a. 将第一跨间的支座安装部位,对好柱顶轴线、中心线,用水平仪对好标高,有误差应予修正。

b. 安装第一跨间下弦球、杆,组成纵向平面网格。

c. 排好临时支点,保证下弦球的平行度,如有起拱要求时,应在临时支点上找出坡底。

d. 安装第一跨间的腹杆与下弦球,一般是一球二腹杆的小单元就位后,与上弦球拧入,固定。

e. 安装第一跨间的下弦杆,控制网架尺寸。注意拧入深度影响到整个网架的下挠度,应控制好尺寸。

f. 检查网架、网格尺寸,检查网架纵向尺寸与网架矢高尺寸。如有出入,可以调整临时支点的高低位置来控制网架的尺寸。

g. 拧高强螺栓时,高强螺栓不得拧紧,留 2 ~ 3 扣,待全部安装完一个单元后,逐一拧紧,顺序是下弦、腹杆、上弦。

h. 网架构件的垂直运输:由于杆件较轻,又在地面组装,垂直运输可采用人工抬杆。

③调整、紧固:

a. 整体吊装法安装网架,应随时测量检查网架质量。检查下弦网格尺寸及对角线,检查上弦网格尺寸及对角线,检查网架纵向长度、横向长度、网格矢高。在各临时支点未拆除前还能调整。

b. 检查网架整体挠度,可以通过上弦与下弦尺寸的调整来控制挠度值。

c. 网架在安装过程中应随时检查各临时支点的下沉情况,如有下降情况,应及时加固,防止出现下坠现象。

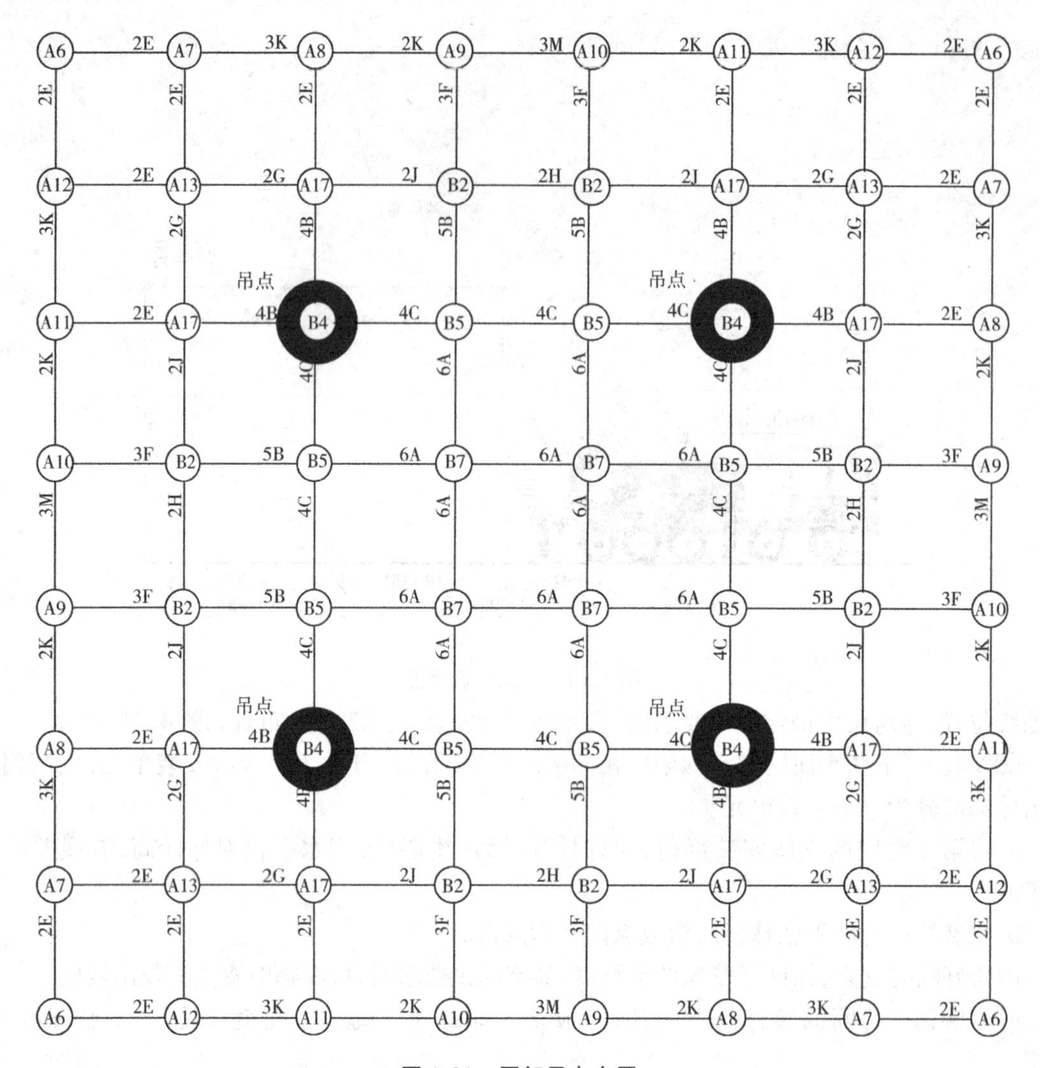

图 4.21　网架吊点布置

d. 网架检查、调整后，应对网架高强度螺栓进行重新紧固。

e. 网架高强螺栓紧固后，应将套筒上的定位小螺栓拧紧锁定。

④支座焊接与验收：

a. 检查网架整体尺寸合格后，检查支座位置是否在轴线上以及偏移尺寸。网架安装时尺寸的累积误差应该两边分散，防止一侧支座就位正确，另一侧支座偏差过大。

b. 检查网架标高、矢高，网架标高以四周支点为准，各支点尺寸误差应在标准规范以内。

c. 检查网架的挠度。

d. 各部尺寸合格后，进行支座焊接。

e. 支座焊接应保护支座的使用性能，并应保护防止焊接飞溅的侵入。

⑤清洁及防腐：网架结构安装完成后，其节点及杆件表面应干净，不应有明显的疤痕、泥沙和污垢。螺栓球节点应将所有接缝用油腻子填嵌严密，并应将多余螺栓孔封口，刷防腐涂料。

4.5.7 屋面空腹梁结构安装

(1)屋面空腹梁结构安装概况

本工程施工难点是空腹梁的安装。由于空腹梁跨度大、自重大,施工工期要求紧,这给空腹梁安装带来了很大困难。为了保证工期,圆满完成本工程的施工任务,采用大型汽车吊车进行空腹梁的安装。

(2)屋面空腹梁结构施工顺序

屋面空腹梁安装顺序为:25 轴→18 轴、1 轴→17 轴。

(3)屋面空腹梁安装施工

①空腹梁在预制工厂分段制作,单段长度不得超过 17 m。构件出厂前必须进行预拼装。构件出厂时必须标识清楚,按顺序进场。

②屋面空腹梁安装时须预起拱,起拱值按 $L/400$ 控制(L 为壳的短向跨度),起拱的最大值为跨中位置。

③空腹梁组装时需要场地平整,构件进入现场后,按编号顺着轴线方向摆放就位,构件平躺着放置。用管架把分段空腹梁吊起来,下方用枕木和木方垫实找平,用水准仪找平时要增加测点保证空腹梁上表面水平。待测量准确后,点焊组装空腹梁组对接口示意见图 4.22。组装后应对整榀空腹梁进行复测,确认无误后方可焊接。焊接过程中也应进行复测,防止由于焊接应力产生焊接变形。

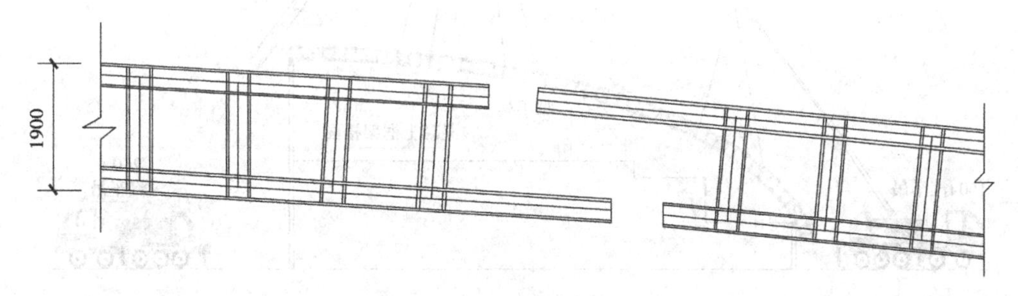

图 4.22 空腹梁组对接口

④空腹梁吊装前对每榀空腹梁进行吊装验算,保证每榀空腹梁吊装时的整体稳定性。如有需要侧向加固的,吊装前应对空腹梁进行加固。每榀空腹梁的吊点都必须选择在上弦节点处。本工程经计算软件建模,对空腹梁进行吊装验算,验算结果显示不会产生过大的变形,满足吊装时内力及变形要求。

⑤空腹梁组装焊接完后用 160 t 汽车吊把空腹梁吊立起来,用钢管作为临时支点把空腹梁支住,然后进行焊口补油。首先吊装 25 轴至 18 轴的空腹梁,按照空腹梁编号依顺序吊装。25 轴至 18 轴的空腹梁吊装示意如图 4.23 所示。

⑥1 轴至 17 轴的空腹梁在空中接口时,需搭设拼装平台,平台为可滑移平台。空腹梁腹板采用高强螺栓连接,翼缘板全熔透焊接,达到等强度连接。按照空腹梁编号依顺序吊装,其中编号为 7 ~ 23 和 35 ~ 60 的空腹梁采用双机分段吊装的方法,其他的空腹梁为单机吊装。双机吊装采用 250 t 和 160 t 汽车吊装,单机吊装为 160 t 吊车。1 轴 ~ 17 轴的空腹梁吊装如图 4.24 所示。

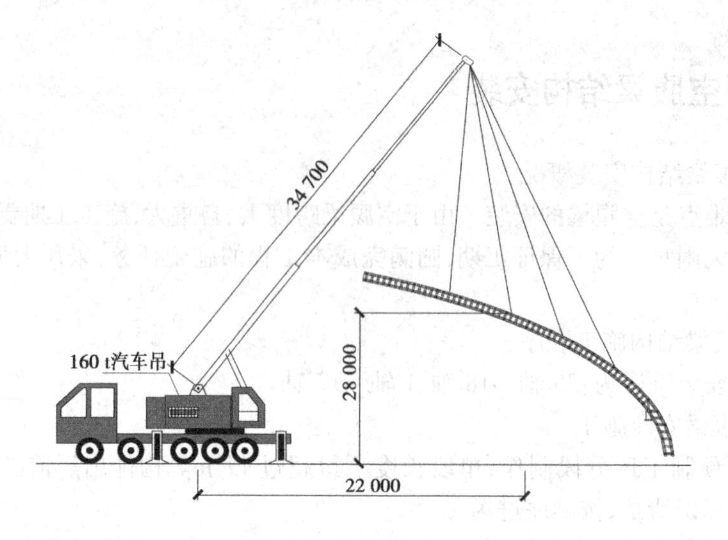

图 4.23　25 轴至 18 轴屋面空腹梁吊装示意图

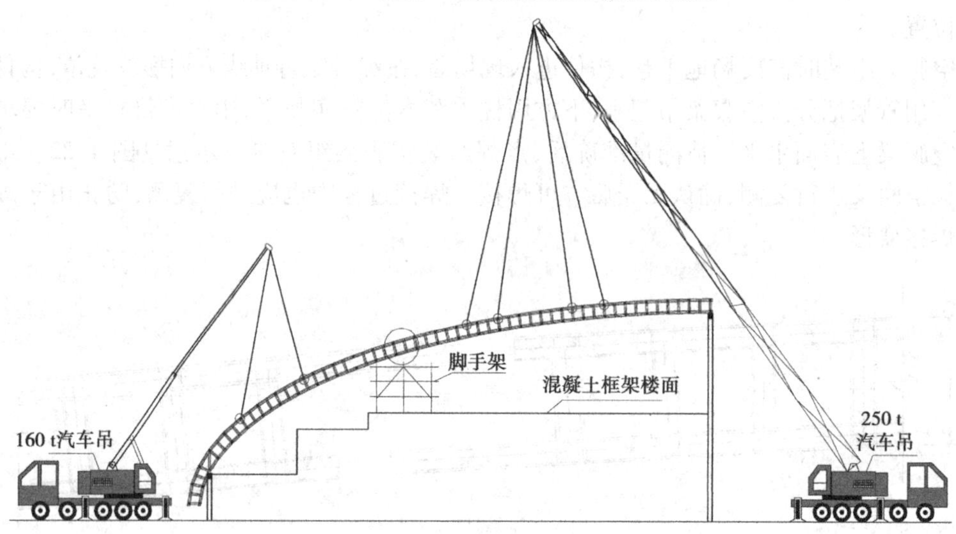

图 4.24　1 轴至 17 轴屋面空腹梁吊装示意图(双机)

(4)屋面环杆及边杆安装

本工程屋面撑管有 2 360 根,屋面撑管的截面有 $\phi219\times16$、$\phi245\times16$、$\phi180\times12$、$\phi194\times12$,且均为厚壁管,约有 3 000 m 长的焊缝。故现场焊接质量是屋面环杆及边杆安装时质量控制的重点。施工现场共设置 30 台电焊机。

屋面环杆及边杆安装与屋面空腹梁安装同时进行,环杆及边杆在安装完相邻两榀空腹梁后进行。安装完第一榀空腹梁后,吊车摘钩,吊装第二榀空腹梁,第二榀空腹梁找正后焊接固定,用另一台吊车安装两榀空腹梁中间的环杆。每空安装 10 根环杆使空腹梁之间形成整体,保证吊车摘钩后空腹梁不发生侧向弯曲。

(5)焊缝和高强螺栓连接控制

除了满足规范对焊缝和高强螺栓连接的要求外,本工程从以下几方面加强控制:

①针对工程的特点,合理安排吊装和临时固定、最终固定的顺序。

②焊缝、高强螺栓混合节点的连接顺序:高强螺栓连接→下翼缘焊接→上翼缘焊接。

③高强螺栓的连接要求:初拧→终拧,且初拧、终拧在同一天内完成。

④焊接要求:同一梁的两端不得同时焊接,等一端焊接完毕且冷却后,方可进行另一端的焊接。

⑤焊后消除应力处理:采用锤击法消除中间层应力,使用圆头手锤,不得对根部焊缝、盖面焊缝或焊缝坡口边缘的母材进行锤击。

习 题

1. 简述钢结构房屋特点及适用范围。
2. 简述钢结构房屋施工主要内容。
3. 简述钢结构的加工与制作工艺流程。
4. 简述网架结构常用施工方法。
5. 简述钢结构深化设计的内容。
6. 简述钢结构施工组织与管理工作包含主要内容。
7. 简述单层工业厂房钢结构工程施工工艺流程。
8. 简述轻钢骨架单层工业厂房施工工艺过程。
9. 简述多层与高层钢结构安装工艺流程。
10. 简述网架安装方法及适用范围。
11. 简述钢结构房屋施工质量验收一般程序。
12. 钢结构房屋施工质量验收主要工作。

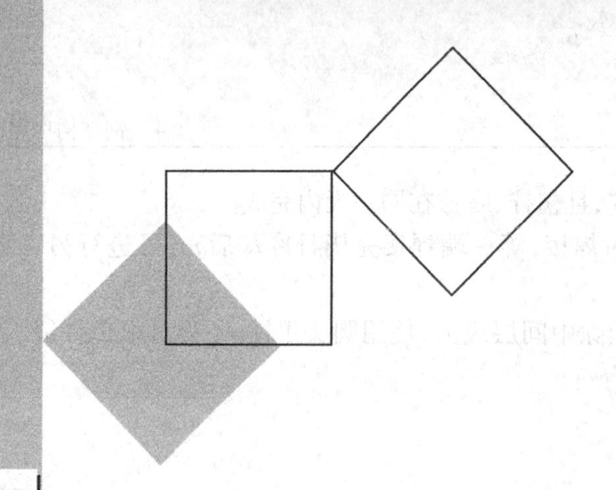

5 建筑施工新技术介绍

本章导读:

- **基本要求** 掌握建筑绿色施工基本概念及其内涵;掌握绿色施工的总体框架;掌握绿色施工管理;掌握绿色施工措施;了解鲁班奖基本概念,掌握鲁班奖具体要求;掌握鲁班奖创奖要素。
- **重点** 建筑绿色施工基本概念及其内涵;绿色施工的总体框架;绿色施工管理;绿色施工措施;鲁班奖具体要求;鲁班奖创奖要素。
- **难点** 绿色施工管理;绿色施工措施。

5.1 建筑绿色施工

5.1.1 建筑绿色施工概念

我国住房和城乡建设部颁发的《绿色施工导则》中指出了绿色施工的基本概念,即:工程建设中,在保证质量、安全等基本要求的前提下,通过科学管理与技术进步,最大限度地节约资源和减少对环境的负面影响,并实现"四节一环保"(节能、节地、节水、节材和环境保护)的施工活动。

建筑绿色施工的目的和意义在于,实现节约资源、保护环境和施工人员健康;推进建筑领域节能减排,建设资源节约型、环境友好型社会,实现可持续发展的目的。

5.1.2 绿色施工内涵

绿色施工的内涵体现在绿色施工管理和绿色施工措施("四节一环保"措施)两大方面。

《绿色施工导则》中指出,绿色施工的总体框架由施工管理、环境保护、节材与材料资源利用、节水与水资源利用、节能与能源利用、节地与施工用地保护6个方面组成(图5.1)。

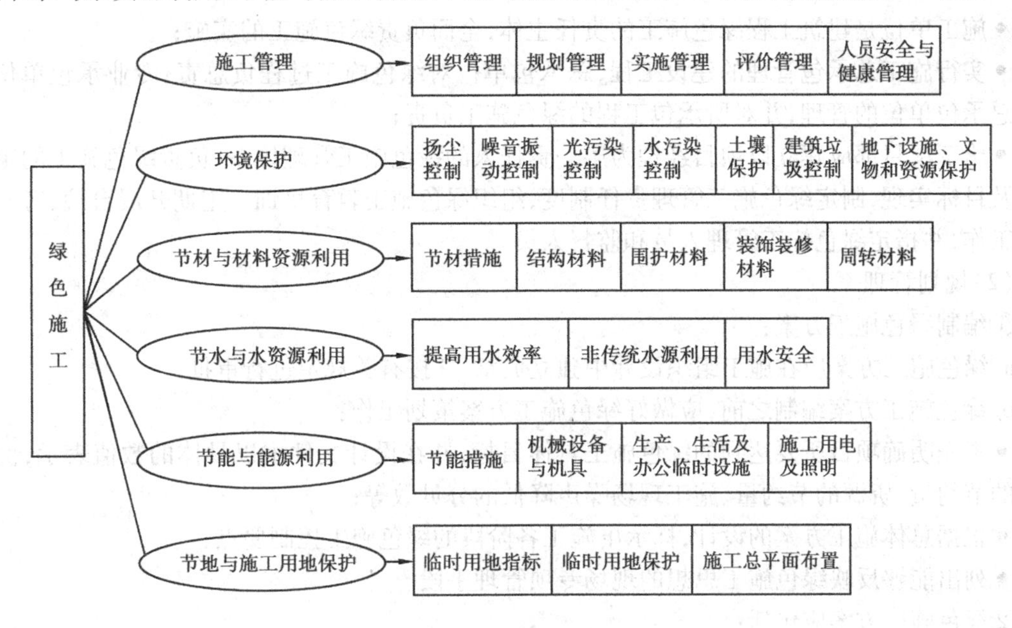

图5.1 绿色施工总体框架

1)绿色施工管理

绿色施工管理主要包括组织管理、规划管理、实施管理、评价管理和人员安全与健康管理5个方面。

(1)组织管理

①建筑工程施工项目应建立绿色施工管理体系和管理制度,实施目标管理。

a.绿色施工管理体系的建立,是由建设单位、监理单位、施工单位、政府相关主管部门等相关单位形成的管理网络体系,以共同保证绿色施工目标的实现。其中,施工单位是建筑工程绿色施工的责任主体,全面负责绿色施工的实施。

b.绿色施工目标是施工项目进度目标、成本目标、质量目标等整体目标中的一部分。

②建筑工程项目的参建各方,即建设单位、监理单位、施工单位等应各自承担相应的绿色施工责任。

a.建设单位的绿色施工责任:

• 向施工单位提供建设工程绿色施工的相关资料,保证资料的真实性和完整性;

• 在编制工程概算和招标文件时,建设单位应明确建设工程绿色施工的要求,并提供包括场地、环境、工期、资金等方面的保障;

• 建设单位应会同工程参建各方接受工程建设主管部门对建设工程实施绿色施工的监督、检查工作;

• 建设单位应组织协调工程参建各方的绿色施工管理工作。

b.监理单位的绿色施工责任:

• 对建设工程的绿色施工承担监理责任;

• 审查施工组织设计中的绿色施工技术措施或专项绿色施工方案;

• 在绿色施工方案实施过程中做好监督检查工作，见证绿色施工过程。

c. 施工单位的绿色施工责任：

• 施工单位是建筑工程绿色施工的责任主体，全面负责绿色施工的实施；

• 实行施工总承包管理的建设工程，总承包单位对绿色施工过程负总责，专业承包单位应服从总承包单位的管理，并对所承包工程的绿色施工负责；

• 施工项目部应建立以项目经理为第一责任人的绿色施工管理体系，负责绿色施工的组织实施及目标实现，制定绿色施工管理责任制度，组织绿色施工教育培训。定期开展自检、考核和评比工作，并指定绿色施工管理人员和监督人员。

(2)规划管理

①编制绿色施工方案：

a. 绿色施工方案应在施工组织设计中独立成章，并按有关规定进行审批。

b. 绿色施工方案编制之前，应做好绿色施工方案策划工作：

• 事先明确项目所要达到的绿色施工具体目标，并在设计文件中以具体的数值表示，例如材料的节约量、资源的节约量、施工现场噪声降低的分贝数等；

• 根据总体施工方案的设计，标示出施工各阶段的绿色施工控制要点；

• 列出能够反映绿色施工思想的现场专项管理手段。

②绿色施工方案应包括：

a. 环境保护措施，制订环境管理计划及应急救援预案，采取有效措施，降低环境负荷，保护地下设施和文物等资源。

b. 节材措施，在保证工程安全与质量的前提下，制订节材措施。如进行施工方案的节材优化，建筑垃圾减量化，尽量利用可循环材料等。

c. 节水措施，根据工程所在地的水资源状况，制订节水措施。

d. 节能措施，进行施工节能策划，确定目标，制订节能措施。

e. 节地与施工用地保护措施，制订临时用地指标、施工总平面布置规划及临时用地节地措施等。

(3)实施管理

①绿色施工应对整个施工过程实施目标管理，进行动态管理，加强对施工策划、施工准备、材料采购、现场施工、工程验收等各阶段的管理和监督。

②应结合工程项目的特点，有针对性地对绿色施工作相应的宣传，通过宣传营造绿色施工的氛围。

③定期对职工进行绿色施工知识培训，增强职工绿色施工意识。对现场作业人员的教育培训、考核、工程技术交底都应包含绿色施工内容，增强作业人员绿色施工意识。

④施工现场管理是实施绿色施工管理的重要环节。建筑工程项目对环境的污染以及对自然资源能源的耗费主要发生在施工现场，因此施工现场管理是能否实现绿色施工目标的关键。

a. 合理规划施工用地。施工组织设计中，科学地进行施工平面设计，首先保证场内占地合理使用，当场内空间不充分，应会同建设单位向规划部门和公安交通部门申请，经批准后才能使用场外临时用地。

b. 施工现场的办公区和生活区应设置明显的节水、节能、节约材料等具体内容的警示标识。

c. 施工现场的生产、生活、办公和主要耗能施工设备应有节能的控制措施和管理办法。对主要耗能施工设备应定期进行耗能计量检查和核算。

d. 施工现场应建立可回收再利用物资清单，制定并实施可回收废料的管理办法，提高废料利用率。

e. 施工现场应建立机械保养、限额领料、废弃物再生利用等管理与检查制度。

f. 施工单位及项目部应建立施工技术、设备、材料、工艺的推广、限制以及淘汰公布的制度和管理方法。

g. 施工项目部应定期对施工现场绿色施工实施情况进行检查，做好检查记录，并根据绿色施工情况实施改进措施。

h. 施工项目部应按照国家法律、法规的有关要求，做好职工的劳动保护工作。

(4)评价管理

国家标准《建筑工程绿色施工评价标准》(GB/T 50640—2010)，对建筑工程项目绿色施工评价作出了规定：

①要求以建筑工程单位工程施工过程为对象进行评价。先进行施工批次评价，再进行施工阶段评价，然后再进行单位工程的评价。

②绿色施工评价的原则是，先由施工单位自评价，再由建设单位、监理单位或政府主管部门等其他评价机构验收评价。

③被评价为"绿色施工项目"的建筑工程应符合以下基本规定：

a. 建立绿色施工管理体系和管理制度，实施目标管理；

b. 根据绿色施工要求进行图纸会审和深化设计；

c. 施工组织设计和施工方案应有专门的绿色施工章节，绿色施工目标明确，内容涵盖"四节一环保"要求；

d. 工程技术交底应包含绿色施工内容；

e. 采用符合绿色施工要求的新材料、新技术、新工艺、新机具进行施工；

f. 建立绿色施工培训制度，并有实施记录；

g. 根据检查情况，制订持续改进措施；

h. 采集和保存过程管理资料、见证资料和自检评价记录等绿色施工资料；

i. 在评价过程中，应采集反映绿色施工水平的典型图片或影像资料。

④绿色施工评价的内容和方法，体现在"绿色施工评价框架体系"中。该评价体系是由评价阶段、评价要素、评价指标和评价等级构成。其可简要地归纳为：三个阶段、五个要素、三类指标、三个等级，如图5.2所示。

a. 三个阶段：为便于建筑工程项目施工阶段绿色施工评价的定量考核，将单位工程按形象进度划分为地基与基础工程、结构工程、装饰装修与机电安装工程三个施工阶段进行绿色施工评价。

b. 五个要素：依据《绿色施工导则》"四节一环保"五个要素进行绿色施工评价。

c. 三类指标：绿色施工评价要素均包含控制项、一般项、优选项三类评价指标。控制项，是指绿色施工过程中必须达到的基本要求。一般项，是指绿色施工过程中根据实施情况进行评价的得分项。优选项，是指绿色施工过程中实施难度较大、要求较高的加分项。

五个要素中的三类指标的相应内容在《建筑工程绿色施工评价标准》(GB/T 50640—2010)中有详细规定。

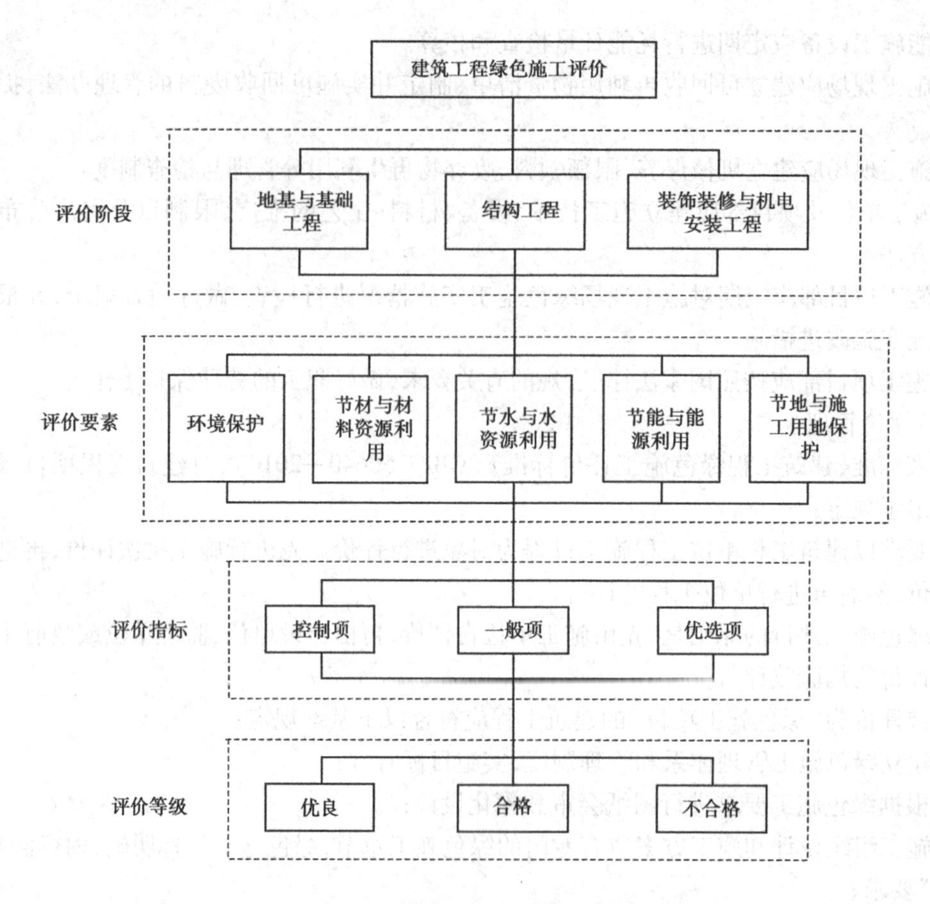

图 5.2　绿色施工评价框架体系图

d. 三个等级:绿色施工评价结论分为不合格、合格和优良三个等级。

⑤绿色施工评价除应符合《建筑工程绿色施工评价标准》(GB/T 50640—2010)的规定外,还应符合现行国家有关标准的规定。例如:

a. 与建筑工程施工质量相关的验收规范:《建筑工程施工质量验收统一标准》(GB 50300—2001)、《建筑地基基础工程施工质量验收规范》(GB 50202—2002)、《砌体工程施工质量验收规范》(GB 50203—2011)、《混凝土结构工程施工质量验收规范》(GB 50204—2011)、《钢结构工程施工质量验收规范》(GB 50205—2001)、《建筑装饰装修工程质量验收规范》(GB 50210—2001)、《屋面工程质量验收规范》(GB 50207—2012)、《建筑给水排水及采暖工程施工质量验收规范》(GB 50242—2002)、《通风与空调工程施工质量验收规范》(GB 50243—2002)、《建筑电气工程施工质量验收规范》(GB 50303)、《智能建筑工程质量验收规范》(GB 50339—2013)等;

b. 与环境保护相关的国家标准:《建筑施工场界噪声限值》(GB 12523—2011)、《污水综合排放标准》(GB 8978—2002)、《民用建筑工程室内环境污染控制规范》(GB 50325—2010)、《建筑施工场界噪声测量方法》(GB 12524—1990)、《室内装饰装修材料有害物质限量》(GB 18580～18588—2001、GB 6566—2010)等;

c. 与绿色施工有关的文件、标准:《绿色施工导则》《中国节水技术政策大纲》《中国节能技术政策大纲》等;

d. 其他国家标准及相关政策、法律和法规。

(5)人员安全与健康管理

①制订施工防尘、防毒、防辐射等职业危害的措施,保障施工人员的长期职业健康。

②合理布置施工场地,保护生活及办公区不受施工活动的有害影响。

③施工现场建立卫生急救、保健防疫制度,在安全事故和疾病疫情出现时提供及时救助。

④提供卫生、健康的工作与生活环境,加强对施工人员的住宿、膳食、饮用水等生活与环境卫生等管理,明显改善施工人员的生活条件。

2)绿色施工措施

绿色施工措施是指实现绿色施工目标的管理措施和技术措施,包含绿色施工准备措施、绿色施工环境保护措施、绿色施工资源节约措施、绿色施工职业健康与卫生防疫措施等。

(1)绿色施工准备措施

①建筑工程施工项目应建立绿色施工管理体系和管理制度,实施目标管理。

a.施工单位是建筑工程绿色施工的责任主体,全面负责绿色施工的实施。为实现建筑工程绿色施工目标,施工单位在开工前,应建立一个从项目经理部到各分承包方、各专业化公司和作业班组共同组成的组织体系。管理者是项目经理、总工程师、现场经理和质量安全经理,分包、专业责任工程师负责实施、监控和检查。

b.工程项目部根据预先设定的绿色施工总目标,进行目标分解、实施和考核活动。要求措施、进度和人员落实,实行过程控制,确保绿色施工目标实现。

c.绿色施工管理的方法是目标管理,并实施动态控制,如图5.3所示。

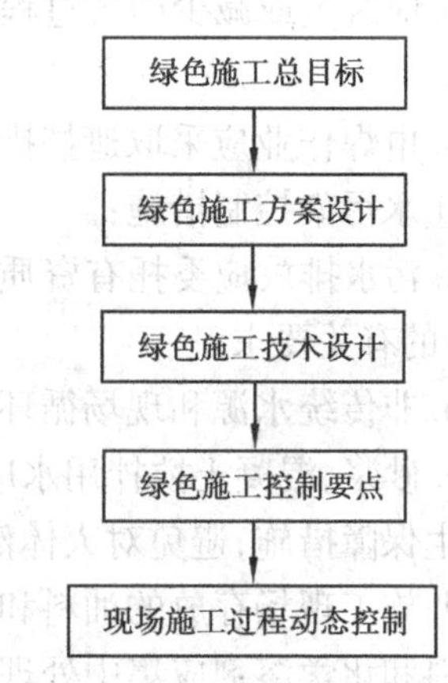

图5.3 绿色施工目标管理实现过程

②施工单位应按照建设单位提供的施工周边建设规划和设计资料,施工前做好绿色施工的统筹规划和策划工作,应充分考虑绿色施工的总体要求,为绿色施工提供基础条件,并合理组织一体化施工。根据建筑工程设计与施工的内在联系,将土建、装修、机电设备安装及市政设施等专业紧密结合,使建筑工程设计与各专业施工形成一个有机的整体。

③建设工程施工前,应根据国家和地方法律、法规的规定,制订施工现场环境保护和人员安全与健康等突发事件的应急预案。

④编制施工组织设计和施工方案时要明确绿色施工的内容、指标和方法。

(2)绿色施工环境保护措施

①扬尘和大气污染控制措施:

a.施工现场应搭设封闭式垃圾站。细散颗粒材料、易飞扬材料或垃圾的储存、运输应采用封闭容器及有覆盖措施的车辆。施工现场出口必须设冲洗池(洗车台)。

b.对于施工现场易产生扬尘的设备、操作过程、施工对象等,应制订控制扬尘的具体措施,土石方作业区内扬尘目测高度应小于1.5 m,结构施工、安装、装饰装修阶段目测扬尘高度应小于0.5 m,并不扩散到工作区域外。

c.拆除、爆破施工前应做好扬尘控制措施。

d.施工现场使用的热水锅炉等必须使用清洁燃料。不得在施工现场熔融沥青或焚烧油毡、油漆以及其他产生有毒、有害烟尘和恶臭气体的物质。

e. 施工车辆及机械设备尾气排放应符合国家规定的排放标准。

②噪声控制措施：

a. 施工现场应遵照《建筑施工场界噪声限值》(GB 12523—1990)的要求(表5.1)制订降噪措施，在施工场界对噪声进行实时监测与控制。监测方法执行国家标准《建筑施工场界噪声测量方法》(GB 12524—90)。

表5.1　施工现场不同施工阶段场界噪声限值规定

施工阶段	主要噪声源	噪声限值/DB	
		昼间	夜间
土石方	推土机、挖掘机、装载机等	75	55
打 桩	各种打桩机等	85	禁止施工
结 构	混凝土搅拌机、振捣棒、电锯等	70	55
装 修	吊车、升降机等	65	55

注：6:00—22:00为昼间、22:00—次日6:00为夜间。

b. 施工过程应优先使用低噪声、低振动的施工机具，并采取隔音与隔振措施。施工车辆进入现场，严禁鸣笛。

③光污染控制措施：

a. 应避免或减少施工过程中的光污染，夜间室外照明灯加设灯罩，透光方向集中在施工区范围。

b. 电焊作业应采取遮挡措施，避免电焊弧光外泄。

④水污染控制措施：

a. 污水排放应委托有资质的单位进行水质检测并符合《污水综合排放标准》(GB 8978—2002)的有关要求。

b. 非传统水源和现场循环再利用水在使用过程中，应对水质进行检测。

c. 砂浆、混凝土搅拌用水应达到《混凝土拌合用水标准》(JGJ 63—2006)的有关要求，并制订卫生保障措施，避免对人体健康、工程质量以及周围环境产生不良影响。

d. 施工现场存放的油料和化学溶剂等物品应设有专门的库房，地面应做防渗漏处理。废弃的油料和化学溶剂应集中处理，不得随意倾倒。

e. 施工机械设备检修及使用中产生的油污，应集中汇入接油盘中并定期清理。

f. 食堂、盥洗室、淋浴间的下水管线应设置过滤网，并应与市政污水管线连接，保证排水畅通。食堂应设隔油池，并应及时清理。

g. 施工现场宜采用移动式厕所，委托环卫单位定期清理。

⑤建筑垃圾处理措施：

a. 施工现场应设置封闭式垃圾站(或容器)，施工垃圾、生活垃圾应分类存放，并按规定及时清运消纳。对有毒有害废弃物的分类率应达到100%；对有可能造成二次污染的废弃物必须单独储存、设置安全防范措施和醒目标识。

b. 应制订建筑垃圾减排计划，建筑垃圾的回收再利用率应达到30%以上。

(3)绿色施工资源节约措施

①节地及施工用地保护措施；

a. 应根据工程规模及施工需求等因素合理布置施工临时设施。施工临时设施布置应紧凑，应减少废弃地及死角。

b. 施工临时设施不宜占用绿地、耕地以及规划红线以外场地。

c. 对于因施工而破坏的植被、造成的裸土，必须及时采取有效措施，以避免土壤侵蚀、流失。施工结束后，被破坏的原有植被场地必须恢复或进行合理绿化。

d. 施工现场应避让、保护场区及周边的古树名木。

②节能及能源利用措施：

a. 应合理安排施工顺序及施工区域，减少作业区设备机具数量。应选择功率与负荷相匹配的施工机械设备，避免大功率机械设备低负荷长时间运行。

b. 制订科学合理的施工能耗指标，明确节能措施，提高施工能源利用率。

c. 建立施工机械设备管理制度，展开用电、用油计量，及时做好机械设备维修保养工作。

d. 合理设计和布置临时用电电路，应选用节能电线和节能灯具，采用声控、光控等自动控制装置。照度设计不应超过最低照度的20%。

e. 施工现场应确定生活用电与生产用电的定额指标，并分别计量管理。

f. 规定合理的温、湿度标准和使用时间，提高空调和采暖装置的运行效率。

g. 根据当地气候和自然资源条件，在有条件的施工场地，应充分考虑利用太阳能、地热、风能等可再生资源。

③节水及水资源利用措施：

a. 现场应结合用水点位置进行输水管线线路选择和阀门预留位置的设计，管径合理、管路简捷，采取有效措施减少管网和用水器具的漏损。

b. 施工现场办公区、生活区的生活用水采用节水系统和节水器具，提高节水器具配置比率。

c. 施工现场宜建立雨水、中水或其他可利用水资源的收集利用系统，使水资源得到循环利用。施工中非传统水源和循环水的再利用率大于30%。

d. 施工现场分别对生活用水与工程用水确定用水定额指标，并分别计量管理。

e. 施工现场喷洒路面、绿化浇灌不宜使用市政自来水。施工现场应充分利用雨水资源，保持水土循环，有条件的宜收集屋顶、地面雨水、地下水再利用。施工现场应设置雨水、废水回收设施，废水应经过二次沉淀处理后再循环利用。

f. 施工中应采用先进的节水施工工艺。现场搅拌用水、养护用水应采取有效的节水措施，严禁无措施浇水养护混凝土。

④节材及材料利用措施：

a. 应根据施工进度、材料周转使用时间、库存情况等，制订材料的采购和使用计划，并合理安排材料的采购。

b. 现场材料应堆放有序，布置合理，储存环境适宜，措施得当，保管制度健全，责任明确。

c. 应充分利用当地材料资源。施工现场300 km以内的材料用量宜占材料总用量的70%以上，或达到材料总价值的50%以上。

(4)绿色施工职业健康与卫生防疫措施

①绿色施工职业健康措施:

a. 施工现场应在易产生职业病危害的作业岗位和设备、场所设置警示标识或警示说明。

b. 定期对从事有毒、有害作业人员进行职业健康培训和体检,指导操作人员正确使用职业病防护设备和个人劳动防护用品。

c. 施工单位应为施工人员配备安全帽、安全带及与所从事工种相匹配的安全鞋、工作服等个人劳动防护用品。

d. 特种作业人员必须持证上岗,按规定着装,并佩戴相应的个人劳动防护用品;对施工过程中接触有毒、有害物质或具有刺激性气味可被人体吸入的粉尘、纤维,以及进行强噪声、强光作业的施工人员,应佩戴相应的防护器具(如护目镜、面罩、耳塞等)。劳动防护用品的配备应符合《劳动防护用品选用规则》(GB 11651—89)规定。

e. 施工现场应采用低噪声设备,推广使用自动化、密闭化施工工艺,降低机械噪声。作业时,操作人员应戴耳塞进行听力保护。

f. 深井、地下隧道、管道施工、地下室防腐、防水作业等不能保证良好自然通风的作业区,应配备强制通风设施。操作人员在有毒、有害气体作业场所应戴防毒面具或防护口罩。

g. 在粉尘作业场所,应采取喷淋等设施降低粉尘浓度,操作人员应佩戴防尘口罩;焊接作业时,操作人员应佩戴防护面罩、护目镜及手套等个人防护用品。

h. 高温作业时,施工现场应配备防暑降温用品,合理安排作息时间。

②绿色施工卫生防疫措施:

a. 施工现场员工膳食、饮水、休息场所应符合卫生标准。

b. 宿舍、食堂、浴室、厕所应有通风、照明设施,日常维护应有专人负责。

c. 食堂应有相关部门发放的有效卫生许可证,各类器具规范清洁。炊事员应持有效健康证。

d. 厕所、卫生设施、排水沟及阴暗潮湿地带应定期消毒。

e. 生活区应设置密闭式容器,垃圾分类存放,定期灭蝇,及时清运。

f. 施工现场应设立医务室,配备保健药箱、常用药品及绷带、止血带、颈托、担架等急救器材。

g. 施工人员发生传染病、食物中毒、急性职业中毒时,应及时向发生地的卫生防疫部门和建设主管部门报告,并按照卫生防疫部门的有关规定进行处置。

5.1.3 绿色施工案例

随着建筑业科技水平的不断提高,国家的政策科技导向,建筑绿色施工项目案例也越来越多。这里以我国某研发中心 F-05 地块(简称“数据中心”)工程为例,简要介绍该工程施工中采取的绿色施工措施。

该工程总建筑面积约 12 万 m^2,地下 3 层、地上 4 层,其建设规模大,为北京市重点工程,基槽土方工程量为 52 万 m^3,回填土工程量为 3.5 万 m^3,混凝土的工程量为 11 万 m^3,机电预留预埋管线 5.1 万 m,施工高峰期间,工人达到 1 300 人,施工用水、用电量大,项目部在整个施工过程中实施动态管理,加强了对施工策划、施工准备、材料采购、现场施工、工程验收等各阶段的管理和监督。

该工程的绿色施工管理特色在于,项目部以项目经理为组长,技术总工为副组长成立绿色施工创新小组,实现了一些绿色施工创新工作成果。获得了“北京市绿色施工文明工地”标杆荣誉。

在该工程的绿色施工创新工作成果中,主要有两项:一是引进 BIM 技术;二是设计出了高效、节能、环保的重力节能洗车系统。

(1)引进 BIM 技术

该工程的工程量巨大,避免材料浪费显得尤为重要,同时作为数据中心,机电施工为该工程重点,以往同类工程在机电施工中,不同专业间碰撞、返工等问题时有发生,为此项目部引进 BIM 技术,成立 BIM 小组,对工程进行数字化建模。建模的顺序为主体结构建模、机电管线建模、机电管线碰撞检查、优化机电综合布线。在主体结构施工中,项目部利用 BIM 技术结合施工进度、库存等情况合理安排材料的采购、进场时间和批次,减少库存。机电施工过程中,机电分包进场后要对其严格管理,必须按 BIM 综合布线图进行施工,实际结果证明经 BIM 优化后,不同专业间碰撞、返工等问题大大减少,避免了浪费,又加快了施工进度。

(2)重力节能洗车系统

洗车系统由供水系统、蓄水系统、冲洗系统和回水系统组成(图 5.4)。

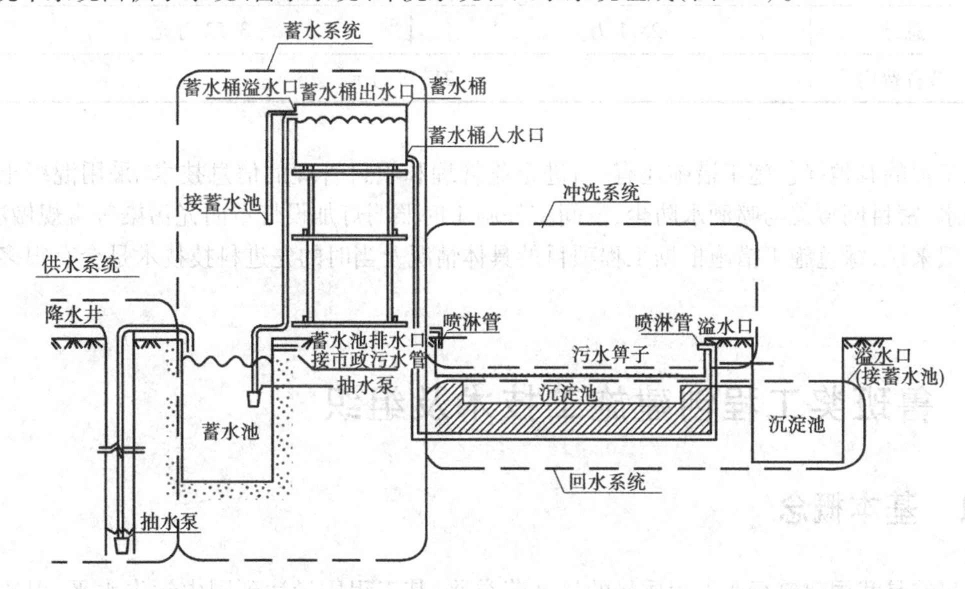

图 5.4 重力节能洗车系统示意图

①供水系统:该工程所处位置南侧紧邻科技园,根据地勘报告,近年最高地下水水位均可接近自然地面,故基槽旁设置的降水井持续降水,为自动洗车池提供了充足的水源。

②蓄水系统:基坑降水抽至 2.5 m×2 m×2 m 的蓄水池内,蓄水池有沉淀杂物的功能,可保证蓄水桶不因杂物沉积而堵塞。在蓄水池上部设溢水口,防止蓄水池水满溢出。用 3 kW 水泵将水抽至高 2 m 的 3 个蓄水桶内,蓄水桶由 200 L 汽油桶改装而成。在蓄水桶上部设置溢水口,将多余水排至蓄水池内。

③冲洗系统:水由蓄水桶下部出水口引致冲洗池两侧,在冲洗池两侧安装喷淋管,冲洗原理

为通过重力势能转化为速度势能。冲洗池为钢筋混凝土结构,低于道路地坪,最深处的深度为40 cm,以保证冲洗水不污染现场。在喷淋管上开不同角度的孔,以保证对冲洗车辆的最大覆盖面。

④回水系统:在冲洗池下设置沉淀池,池顶采用钢筋箅子,钢筋箅子所用钢筋为现场直径较大的废钢筋。洗车水经过冲洗池后进入沉淀池,第一次使泥砂沉淀,水通过溢水口排入下一个沉淀池,经二次沉淀,再通过溢水口排入蓄水池,实现水循环使用,每周安排专人对沉淀池进行清理。

重力节能洗车系统与一般自动洗车台的经济对比分析见表5.2。

表5.2 重力节能洗车系统与一般自动洗车台的经济对比分析表

	一般自动洗车台	重力节能洗车系统
洗车系统费用	10万元	1万元(洗车系统材料费7千元,人工费及其他费用3千元)
洗车用水费用	8.4万元(预计用水1.4万吨)	0元
洗车用电费用	6.7万元(一般自动洗车台功率8 000 W)	2.52万元(洗车系统功率3 000 W)
总计	25.1万元	3.52万元
节省费用	21.58万元	

该工程的其他绿色施工措施还有,引进企业管理和项目管理的信息技术、采用混凝土覆膜养护节水、密目网覆盖与喷洒水防尘、夜间室外施工时照明灯加设灯罩防光污染等常规做法。

一般来说,绿色施工措施根据工程项目的具体情况及当时的先进科技技术是会有很多创新空间的。

5.2 鲁班奖工程创建施工技术及组织

5.2.1 基本概念

鲁班奖是我国建筑行业工程质量的最高荣誉奖,其工程质量达到国内领先水平,引领全国各地区建筑行业质量水平,对提高国家建筑工程质量具有示范作用。具体要求为:

(1)鲁班奖工程是优中之优的工程

鲁班奖工程是在符合设计和规范要求的基本前提下,做到好中选好、优中选优的工程。创优没有固定的标准,由于全国各个地区施工质量水平不一致,施工的工程数量不一致,导致每个地区评比标准都不一样,评比数量也不一致,每年都在提高,一年上一个台阶。

(2)鲁班奖工程是安全、适用、美观的工程

鲁班奖工程必须满足安全和使用功能的要求,做到安全、经济、适用、耐久,没有影响安全及使用功能的缺陷。在保证主体结构和地基基础的安全,满足使用功能的同时,达到安装布局合理、装饰装修效果美观以及绿色环保;设计要以人为本,体现绿色建筑及建筑节能的理念,同时

兼顾可持续发展等。这些对工程的设计和施工都提出了相应的要求。

(3)鲁班奖工程是经得起微观检查和时间考验的工程

鲁班奖工程应是经得起微观检查和时间考验的工程,越是严格检查,越是显出精致细腻之处,同时经过一年以上使用,得到业主及用户的赞美。

(4)鲁班奖工程是技术含量高的工程

鲁班奖工程除必须符合"评选办法"中要求的规模等规定外,其工程技术难易程度、新技术含量也要达到一定要求,显然在工程质量相当的情况下,技术含量高的工程将占有获奖优势。

(5)鲁班奖工程是具有绿色建筑理念和节能环保的工程

鲁班奖工程应该在绿色建筑或绿色施工上有所体现,建设方积极增创绿色建筑工程,施工方积极增创绿色施工示范工程,整个工程处处体现节能环保理念,尤其在绿色节能指标的量化上有所创新,对工程的创建更具竞争力。

(6)鲁班奖工程是用户非常满意的工程,也是社会上确认的精品工程

质量是"反映产品或服务满足用户明确或隐含需要功能的特征和特性的总和"。高质量是鲁班奖工程评选的重要因素,同时也是用户的要求。

(7)鲁班奖工程是多数部位均能反映出其精致、细腻特色,是一个整体达到精品的工程

在设计上,具有鲜明的时代感、艺术性和超前性;在施工上,体现当代科技水平,开展管理创新、技术创新、工艺创新,做到"过程精品、细节大师"。

(8)鲁班奖工程是已按合同规定内容全部完竣,并能满足使用要求的工程

鲁班奖工程必须完成合同中规定的全部内容,并能满足使用要求,包括设计、规划、土地、人防、消防、环保、供电、电信、燃气、供水、绿化、劳动、技监、档案等部门的单项验收,签证齐全,并经当地质量监督部门评定或者备案。

(9)鲁班奖工程是质量实际情况符合申报要求的工程

鲁班奖申报工程的自评质量等级和有关部门核定等级、实物质量与评定质量等级的准确情况、技术资料的齐全情况、技术难度与新技术推广应用情况等均应符合申报要求。

(10)鲁班奖工程是符合施工验收规范且没有违反设计及施工"强制性条文"要求的工程

鲁班奖工程应符合国家现行规范和标准的要求,尤其直接涉及人们生命财产安全、人身健康、环境保护和公共利益的"强制性条文"必须遵守。

5.2.2 创奖要素

(1)确定创奖质量目标,制定创奖总体策划

一个工程如果确定要创鲁班奖,必须制订创鲁班奖目标,坚定创鲁班奖信心,同时制订创鲁班奖策划书,并采取切实可行的有效措施。在工程的建设过程当中,将目标分解落实到基层,并严格管理,严格控制,严格检验。

(2)突出"创新、创优、创高"意识

创新:认识上树立新观念,管理上开拓新思路,技术上应用新材料、新工艺、新技术、新设备。

创优:优化综合工艺,优化控制器具,提倡一次成活,一次成优,不断提高创优质量水平。各级验收和各类评审均达优良,每次验收资料齐全。

创高:不断提高企业人员素质、企业标准和质量目标,创出高的操作技艺、高的管理水平和

高的工程质量。

(3)突出管理的针对性

以工程项目为目标,研究提高工程项目管理的标准化程度,不断提高标准规范化水平,提倡制度的完善和责任制的落实。在工程管理上,应做到以下几点:

①突出工序质量控制的研究,编制企业工艺、操作规程,不断完善改进操作工艺,提高操作技能,用操作质量来体现工程质量。

②突出预控和过程控制,突出过程精品,提倡一次成优,达到精品、效益双控制。

③突出整体质量,做到每道工序是精品,每个工序的环节、过程是精品,用过程精品来达到整体精品。

(4)突出质量目标的不断提高

创建优质工程是一个不断提高企业管理水平和技术水平的过程,管理水平、技术水平的提高与优质工程是互动的。

①通过创建优质工程,以达到质量管理的完善、制度措施的齐全、落实检查的及时和总结改进的不断。

②通过创建优质工程,不断提高技术与操作人员的水平,不断筛选优化组合形成综合工艺,不断完善和突出企业的特点与优势,从而提高企业综合水平。

③企业综合水平的提高、质量意识的加强和施工工艺的不断改进,对创建优质工程也具有促进作用。

(5)过程精品,一次成优

在创鲁班奖工程建设当中,必须对工程施工的全过程进行策划,加强过程控制和严格检验,以达到过程精品,一次成优。

(6)要制订高的验收标准

国家标准是建筑工程施工的最低标准,是衡量工程质量是否合格的标准。鲁班奖工程的质量水平是国内一流水平,应当采用高于国家标准、行业标准、地方标准和同期同类工程标准的企业标准或项目标准。

(7)工程施工质量控制技术要点

在工程施工过程当中,应重点对以下几个技术要点做好质量控制:

①结构的安全可靠性控制。

强度、刚度和稳定性控制,保证结构达到整体安全稳定。

水平和竖向位置[轴线(含垂直度)标高]控制,应使结构的位置正确,受力和传递合理,保证使用空间及尺寸符合设计要求,以满足使用功能要求。

构件几何尺寸(断面尺寸、平整、方正)控制,应保证结构断面尺寸正确、表面平整。

②装饰的完美性控制。

完善装饰装修设计,进行多方案比较,除保证安全外,应从尺寸、对比、色差、环境等方面优化设计方案,提高装饰的完整性、协调性。

采购选择合格的、环保的装饰材料,严格进场检验,充分发挥材料的优良性能,提高装饰效果。

改进和完善装饰工程的足尺大样和样板工程的工作,以充分体现设计意图和效果。

注意装饰的收尾整理和成品保护,使工程达到安全、适用、美观。

③设备安装的安全适用控制。

设备管道安装位置、标高正确,固定牢固可靠。设备管道坡度、强度、严密性、朝向正确合理,保证使用功能,开关方便和使用安全。

接地防护设施有效,使用安全标识清晰、检修维护方便。在可能的条件下,注意美观协调。

④用资料和数据来反映工程质量。

在施工过程中应及时整理工程资料,对相关指标的控制应符合本项目制订的标准,同时用数据来反映工程质量。

(8)要注重资料的完整收集

按2001年发布的《建筑安装工程质量验收统一标准》规定:"单位(或子单位)工程质量控制资料"及"单位(子单位)工程安全功能检查资料及主要功能检查记录"应完整,不得有漏缺项。

(9)要推广应用新技术和节能环保措施

在创鲁班奖的工程中,要提高质量水平,消除质量问题和攻克技术难关,都需通过推广应用新技术来解决。可持续发展和节能环保理念是建筑业必须遵循的原则,施工中积极采用"四节一环保"措施,大力提倡绿色施工及文明施工理念,同时还要注意项目建设的成本控制,坚持质量和效益的统一。

(10)创鲁班奖要与企业诚信结合

在市场竞争的情况下,企业诚信是企业生存的必备条件。诚信是宏观的,企业的诚信是通过多个微观量化的诚信指数来考核和评定。创鲁班奖要和企业诚信相结合。建立企业诚信度应注意以下几个方面:合同的全面履约、金融和经济信用度、顾客的满意率、质量的合格(优良)率、事故伤亡率、社会的投诉率、现场的文明施工等。

(11)要取得建设单位的支持

(12)要配备一个强有力的项目班子

5.2.3 施工案例

长沙卷烟厂"十五"技改一期工程联合工房为工业建设项目中的轻工厂房,建筑面积51 169.6 m^2,结构类型为钢结构门式刚架及现浇混凝土排架结构,上部为钢网架。该项目引进意大利先进生产设备,烟丝加工生产线达到世界领先水平,年产120万大箱,年产值100亿元人民币。工程承接之初就确定了誓夺建筑工程质量最高奖鲁班奖的目标,事先做好工程的总体策划成为成败的关键因素之一。

(1)确定创奖目标,事先总体策划

长沙卷烟厂工程在承接之初即确定创鲁班奖目标,编制了创鲁班奖策划书。在策划书中除阐述创鲁班奖基本的要求外,重点结合工程实际,挖掘工程技术创新点,提升工程科技含量,主要提出了4种科技创新技术:多层面超大面积混凝土地面无缝施工技术;基于项目文化和绿色施工的总承包管理技术;金属屋面及虹吸式雨水排水综合应用技术;施工缝采用快易收口网技术。策划安装及装饰特色及亮点十几项,尤其是设备安装部分的亮点,为工程创优打下了坚定的基础。

(2)编制项目标准,形成系列制度

长沙卷烟厂项目确立了“项目利益高于一切”的项目文化观念和绿色施工理念,对众多分包单位进行了有效的进度控制、质量管理和施工现场安全文明管理,从而提升了总承包管理的水平。针对鲁班奖的质量目标对整个工程施工过程进行了总体策划,单独编制了施工质量管理与控制措施、工程创优计划,使整个施工生产过程处于受控状态 ,建立了高于国家标准的项目标准。

公司、分公司采取内部质量监理制实施对项目的质量管理,建立了合理的项目质量管理体系,如图 5.5 所示。

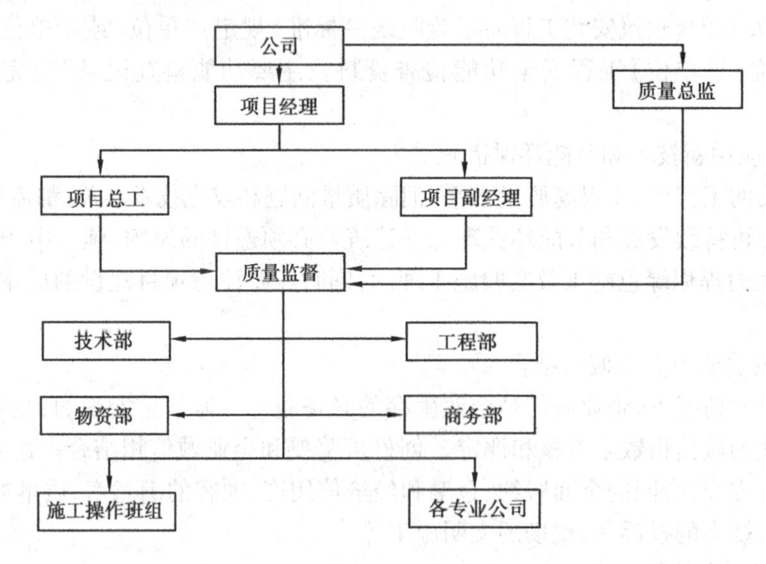

图 5.5 项目质量管理体系

建立了样板引路制度、质量检查验收制度、挂牌制度、奖罚制度、成品保护制度等一系列过程控制制度并严格执行。坚持每周开展职工再教育、培训制度,开展 QC 活动 56 次,为工程整体创优提供了技术保障。

(3)挖掘工程特色,提升科技含量

长沙卷烟厂项目结合工程实际特点,改变常规施工方法的老路,在专家的指导下,采用先进的施工方法及工艺,重点创新应用了 2 项新技术,改进应用了 2 项新技术。

①多层面超大面积钢筋混凝土地面无缝施工技术。

多层面超大面积钢筋混凝土地面无缝施工技术是在传统的留置后浇带和伸缩缝的基础上发展而来的新型施工技术,它突破规范要求,是指在地面混凝土施工中不设置伸缩缝和后浇带,利用施工缝将地面按一定尺寸分为若干块,相邻块间隔浇筑,待先浇筑混凝土经过较大的收缩变形后,再将地面连接浇筑成一个整体。

长沙卷烟厂工程地面施工工期紧、面积大,总面积为 28 242 m^2,其中最大一块整体地面面积达 20 520 m^2。出于生产工艺的需要,采用了多层面超大面积钢筋混凝土地面无缝施工技术,同时克服了混凝土裂缝控制和平整度控制方面的巨大困难,通过优选混凝土原材料,适当添加外加剂和掺合料,优化混凝土配合比,严密组织混凝土的跳仓浇筑,制定详细的平整度控制方案,并应用测温信息化施工技术指导混凝土的动态养护,在未采取特殊措施(如预应力技术)的情况下实现了 20 520 m^2 多层面超大面积钢筋混凝土地面无缝施工。这在国内的大型工业厂房地面施工中是前所未有的。

②基于项目文化和绿色施工的总承包管理技术。

面对长沙卷烟厂工程分包单位众多,组织管理复杂,管理难度大的局面,工程中创新地运用"项目利益高于一切"的项目文化观念和绿色施工理念,统一思想、统一力量、统一行动,进行了有效的进度控制、质量管理和施工现场安全文明管理。全新的项目文化观念为总承包管理工作开拓了一条新思路,"安全、健康、环保"的绿色施工理念顺应可持续发展战略,有助于提升国内建筑施工企业形象,提高企业整体管理水平和综合实力。

改进应用了2项新技术:金属屋面及虹吸式雨水排水综合应用技术;施工缝采用快易收口网技术。

(4)安装工艺策划,装饰亮点策划

鲁班奖工程是多数部位均能反映出其精致、细腻特色,是一个整体达到精品的工程。工程除挖掘技术含量,提炼工程特色外,安装工艺策划,装饰亮点策划十分重要,它能具体地体现鲁班奖工程"过程精品,细节大师"的特点,尤其要考虑安装与装饰的有机协调,形成综合布局,二次设计,使设备排列有序,运行平稳;管线立体分层,分色美观;缆线布排整齐,接地可靠;装饰美观有序,布砖规律一致,色彩运用巧妙。

长沙卷烟厂工程安装工艺与装饰亮点具体策划为:

①多层面超大面积混凝土地面无缝施工要求平整度效果极好,误差远小于规范允许值,地面无裂缝出现。

②生产设备先进,烟丝加工生产线达到世界领先水平。要求安装质量上乘,调试一次成功。

③防水工程施工面积大,要求细部处理细腻,坡向正确,排水通畅,屋面、楼地面均无渗漏现象。

④沉降观测点、避雷带做工要求考究,适用美观。阳角要求坚挺顺直,经久耐用。楼梯间踢脚板要求出墙一致,楼梯踏步板侧面线条要求清晰美观。

⑤给水压力要求稳定,排水通畅,电气控制要求灵敏,智能控制点位要求精确,空调温度温感舒适,各系统运转正常。

⑥配电箱布线要求整齐牢固,标识规范;开关、插座要求标高一致。

⑦设备接地良好,安装规范,运行中无"跑冒滴漏"现象。

⑧幕墙工程表面要求平整光滑,缝隙均匀,打胶光滑,线条清晰,大角挺拔顺直。幕墙外形舒缓流畅,交缝饱满均匀,密封良好。

⑨吊顶施工时应与安装有机协调、精心策划和统一布置,灯具、喷头等均和天花居中或对称布置,大面积灯具、喷头等做到了"横成排、竖成行、斜成线",烟感、广播、风口点缀其中,错落有致。

⑩地面要求标高一致,缝格顺直,交接合理,经验收表面平整度均要求在2 mm允许偏差以内,接缝高低差均在0.5 mm允许偏差以内。

(5)完善技术资料,升华汇报资料

建筑工程技术资料的形成、收集、归档等问题是十分重要的问题,它反映出施工过程的很多管理问题,也体现了工程管理和技术人员的素质问题。各级施工企业必须重视解决工程技术资料质量的有关问题,全面提高工程项目的管理水平和有关人员的素质。

(6)工程主要质量特色

①世界先进水平的工艺设备布局合理,流程清晰,自动化机械无障碍工作,各种机械设备运行技术经济指标均优于设计指标,安装质量上乘,调试一次成功(图5.6)。

②多层面超大面积混凝土地面无缝施工通过合理控制原材料,优化混凝土配合比,有效控制外加剂,有序进行跳仓施工,动态信息化测温养护,使地面平整度效果极好,误差远小于规范允许值,全部混凝土应变均未达到极限应变,地面无肉眼可见裂缝,整块板的变形均匀(图5.7)。

图5.6 工艺设备布局合理

图5.7 超大面积混凝土地面无缝施工

③主体结构梁、板、柱采用可调节支撑体系,覆膜胶合板模板体系,使其截面尺寸准确,节点方正,棱角分明,混凝土质量内实外光,达到清水混凝土效果(图5.8)。

④28 242 m^2 金属屋面,单块最长61 m,采用虹吸式雨水排水综合应用技术;10 277 m^2 混凝土屋面,一级防水,三道设防;整个工程施工面积大,细部处理细腻,坡向正确,排水通畅,至今屋面无渗漏现象发生(图5.9)。

图5.8 主次梁节点方正

图5.9 金属屋面排水通畅

⑤25 200 m^2 网架采用高空拼装、胎架滑移施工技术,成功地解决了网架起拱、挠度控制、胎架滑移同步控制、支座的准确定位与安装等复杂技术问题,使钢结构安装位置准确,节点做工细腻,油漆光滑,各项检测完全满足规范要求(图5.10)。

⑥13 300 m^2 多种幕墙表面平整光滑,缝隙均匀,打胶光滑,交缝饱满均匀,密封良好,线条清晰,大角挺拔顺直,外形舒缓流畅,三性检测满足规范及设计要求(图5.11)。

⑦吊顶施工时,对安装及装饰设计进行有机协调,精心策划和统一布置,灯具、喷头等各种器具均居中或对称布置,大面积灯具、喷头等做到了“成排、成行、成线”,烟感、广播、风口点缀其中,整齐划一(图5.12)。

⑧各类设备安装标高一致,同型号多台设备管道及阀门等配件排列整齐,所有管道立体分层,排列有序,分色美观,运行平稳,管道试压一次成功,无“跑冒滴漏”现象(图5.13、图5.14)。

图5.10 网架结构定位准确

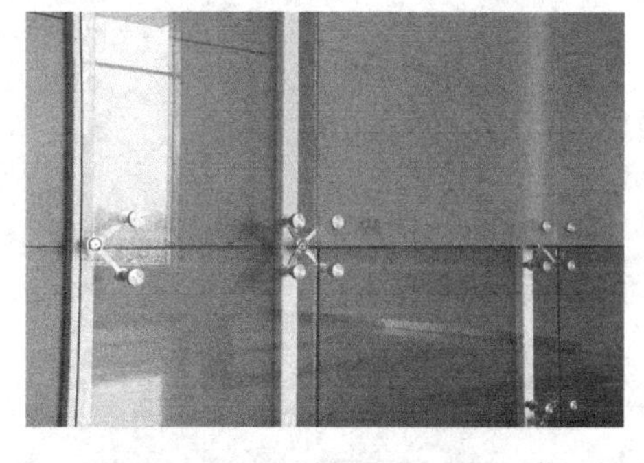

图5.11 幕墙表面平整光滑

图5.12 屋面吊顶有机协调

图5.13 设备安装排列有序

⑨配电柜(箱)进箱套丝,一管一孔,布线整齐,分色美观,标识规范(图5.15)。

⑩所有灯具均有吊点,牢固可靠,桥架、母线横平竖直,排列有序(图5.12)。

图5.14 管道立体分层

图5.15 配电箱布线整齐

⑪开关、插座标高一致,布排规律,牢固美观(图5.16)。

⑫电气回路、信号回路接线牢固,接地可靠(图5.17)。

⑬建筑智能化程度高,集成度高,控制可靠,技术超前(图5.18)。

⑭卫生间洁具居中布置,排列整齐,支托架防腐处理(图5.19)。

⑮沉降观测点、接地测试点、避雷带做工考究,适用美观(图5.20)。

⑯楼梯间踢脚板出墙一致,楼梯踏步板侧面线条清晰美观(图5.21)。

⑰四周散水与主体结构断开,细部处理精巧,无积水、空鼓、裂缝(图5.22)。

⑱过屋面桥廊设计新颖,极具人性化,美观实用(图5.23)。

⑲穿墙、板管道金属套封堵,精巧美观(图5.24)。

⑳建筑变形缝设计精巧,做工细腻,与四周装饰协调一致(图5.25)。

图 5.16　开关插座牢固美观

图 5.17　电气回路接线牢固

图 5.18　建筑智能化

图 5.19　洁具布置排列整齐

图 5.20　沉降观测点做工考究

图 5.21　楼梯间踢脚板出墙一致

图 5.22　散水处理精巧

图 5.23　过屋面桥廊美观实用

(7)综合评价

该工程成功实现了建设方对工程的期望;成功实现了设计的总体意图;工程质量完全满足现行规范要求。到目前为止,工程各部位使用功能良好,各种设备系统运转正常,使用单位非常满意。

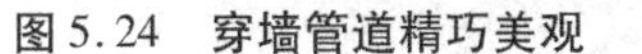

图 5.24 穿墙管道精巧美观

图 5.25 建筑变形缝做工细腻

长沙卷烟厂一期工程自投入使用以来，各项功能均完美地体现了设计意图，得到社会各界的一致高度评价，国内及省内报刊连篇报道。同时中建五局在国家及省部级刊物上发表多篇论文，形成国家级工法一项，获得中建总公司科技进步二等奖，编写了《卷烟厂工程建设与管理》一书，培养一大批技术及经营管理人才。

习　题

1. 简述建筑绿色施工基本概念、目的和意义。
2. 简述建筑绿色施工目的和意义。
3. 简述绿色施工的总体框架。
4. 简述绿色施工管理主要包含的内容。
5. 简述建设单位的绿色施工责任。
6. 简述绿色施工评价的内容和方法。
7. 简述绿色施工措施包含的主要内容。
8. 简述绿色施工准备措施。
9. 简述绿色施工环境保护措施。
10. 简述绿色施工资源节约措施。
11. 简述绿色施工职业健康与卫生防疫措施。
12. 简述鲁班奖基本概念。
13. 简述鲁班奖具体要求。
14. 简述鲁班奖创奖要素。

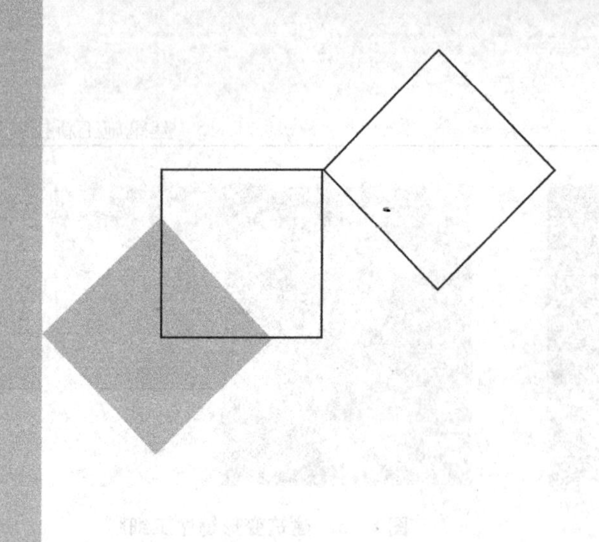

参考文献

[1] 姚刚,华建民. 土木工程施工技术与组织[M]. 重庆:重庆大学出版社,2013.

[2]《建筑施工手册》(第五版)编委会. 建筑施工手册[M]. 北京:中国建筑工业出版社,2012.

[3] 毛鹤琴. 土木工程施工[M]. 武汉:武汉理工大学出版社,2012.

[4] 重庆大学,同济大学,哈尔滨工业大学. 土木工程施工(上册)[M]. 北京:中国建筑工业出版社,2008.

[5] 重庆大学,同济大学,哈尔滨工业大学. 土木工程施工(下册)[M]. 北京:中国建筑工业出版社,2008.

[6] 穆静波,孙震. 土木工程施工[M]. 北京:中国建筑工业出版社,2009.

[7] 吴贤国. 土木工程施工[M]. 北京:中国建筑工业出版社,2010.

[8] 郭正兴. 土木工程施工[M]. 南京:东南大学出版社,2012.

[9] 刘宗仁. 土木工程施工[M]. 北京:高等教育出版社,2009.

[10] 应惠清. 土木工程施工[M]. 上海:同济大学出版社,2007.

[11] 宁仁岐,郑传明. 土木工程施工[M]. 北京:中国建筑工业出版社,2006.

[12] 中国建筑业协会,筑龙网. 鲁班奖获奖工程施工组织设计专辑[M]. 北京:中国机械工业出版社,2006.

[13] 穆静波,林振. 建筑施工[M]. 北京:中国建筑工业出版社,2004.

[14] 赵志缙,应惠清. 建筑施工(第四版)[M]. 上海:同济大学出版社,2004.

[15] 范庆国. 建筑施工创新技术应用案例[M]. 北京:中国建筑工业出版社,2010.

[16] 危道军. 建筑施工组织与造价管理实训(土建类专业适用)[M]. 北京:中国建筑工业出版社,2007.

[17] 李忠富. 建筑施工组织与管理[M]. 北京:机械工业出版社,2011.